KB042570

세계도시 바로 알기

6 아메리카

권용우

박영사

사랑하는 딸 권경주, 사위 한재준
외손녀 한혜원, 한정원에게

머리말

아메리카는 Americas, America로 표현한다. Americas는 아메리카 대륙 전체를 말한다. America는 미국을 나타내기도 한다. 한글로는 미주(美洲)로 표현한다. UN에서는 아메리카를 North America(북미), Central America(중미), South America(남미)로 구분한다.

1492년 콜럼버스의 탐험 이후 아메리카는 유럽의 식민지가 되었다. 아메리카의 탈식민지화는 1770년대 미국 독립운동을 시작으로, 1990년대 스페인-미국 전쟁으로 종료됐다. 아메리카에는 영어, 스페인어, 포루투갈어, 프랑스어가 퍼졌다. 개신교와 가톨릭의 기독교가 전파됐다.

아메리카 탐험은 「쓰리 G+호기심」으로 설명한다. God(신), Gold(황금), Glory(영광)를 추구하며 호기심으로 탐험했다는 지적이다. 제레드 다이아몬드는 아메리카 식민지화를 총, 균, 쇠 패러다임으로 분석했다. 총과 칼의 무력과 전염병으로 원주민이 무력화(無力化)되었다고 했다.

아메리카에는 57개 국가가 있다. 『세계도시 바로 알기』제6권에서는 북미의 미국과 캐나다를 다룬다. 그리고 남미의 브라질, 멕시코, 페루, 아르헨티나를 살펴 본다. 미국과 캐나다 사이에 나이아가라 폭포가, 아르헨티나와 브라질 경계에 이과수 폭포가 있다.

아메리카 합중국의 공식 언어는 없다. 미국 영어(American English)가 사실상 국어다. 2022년 미국의 GDP는 세계 1위다. 2022년 미국의 1인당 GDP는 76,027달러다. 미국 달러는 기축 통화 역할을 한다. 노벨상 수상자는 2021

년 기준으로 398명이다. 2020년 미국인의 69.7%가 기독교인이다. 수도는 워싱턴 D.C.다. 뉴욕은 세계 도시다. 북동부에는 필라델피아, 보스턴이 있다. 중서부에는 시카고, 디트로이트, 미니애폴리스-세인트 폴이 있다. 남부에는 휴스턴, 댈러스와 프트워스, 애틀랜타, 샬럿, 마이애미가 있다. 서부에는 시애틀, 샌프란시스코와 베이 지역, 로스앤젤레스, 라스베가스, 그랜드캐년, 호놀룰루가 있다.

캐나다의 공용어는 영어와 불어다. 캐나다 경제는 혼합 시장 경제다. 2022년 캐나다 1인당 GDP는 57,406달러다. 노벨상 수상자는 28명이다. 2019년 기준으로 기독교가 63.2%다. 오타와는 캐나다의 수도다. 토론토는 경제 중심지다. 토론토 인근에 나이아가라 호스슈 폭포가 있다. 밴쿠버는 캐나다의 관문 항구 도시다. 몬트리올은 문화 수도다. 퀘벡은 오래된 수도라 불린다.

브라질 연방 공화국의 공식 언어는 포르투갈어다. 1500년에 프르투갈 탐험대가 브라질에 들어 왔다. 브라질은 혼합 경제 구조다. 2022년 브라질의 1인당 GDP는 8,857달러다. 노벨 생리 의학 수상자가 1명 있다. 브라질의 종교는 기독교가 81%다. 브라질리아는 계획도시로 지어진 브라질 수도다. 리우데자네이루는 자연환경이 아름다운 해안 도시다. 상파울루는 브라질의 경제 금융 도시다. 쿠리치바는 환경 친화적인 생태 도시다.

멕시코 합중국의 사실상 공용어는 스페인어다. 스페인은 1521년 멕시코의 아즈텍을, 1697년 마야를 무너뜨렸다. 멕시코는 신흥공업국이다. 2022년 1인당 GDP는 10,948달러다. 노벨상 수상자가 3명 있다. 기독교도가 91.3%다. 수도는 멕시코시티다. 아즈텍 시대의 수도 테노치티틀란이다. 마야 도시 치첸이트사에는 엘 카스티요, 전사들의 신전 등이 있다. 칸쿤은 휴양 도시다.

페루 공화국의 공식 언어는 스페인어, 케추아어, 아이마라어다. 1532년 스페인이 페루의 잉카 제국에 들어왔다. 페루는 개발도상국이다. 2022년 1인당 GDP는 7,005달러다. 문학 노벨상 수상자가 1명 있다. 기독교도가 94.5%다. 수도는 리마다. 나스카 라인, 잉카 도시 쿠스코, 잉카 요새 마추픽추가 있다.

아르헨티나 공화국의 공식 언어는 스페인어다. 1516년 스페인이 아르헨티나에 상륙했다. 아르헨티나는 개발도상국이다. 2022년 아르헨티나의 1인당 GDP는 13,622달러다. 노벨상 수상자가 5명 있다. 종교는 기독교도가 79.6%다. 수도는 부에노스아이레스다. 아르헨티나와 브라질 경계에 이과수 폭포가 있다.

2021년 3월부터 출간한 『세계도시 바로 알기』는 2023년 1월에 이르러 서부 유럽·중부 유럽, 북부 유럽, 남부 유럽, 동부 유럽, 중동, 아메리카까지 진행됐다. 딸 권경주 교수, 사위 한재준 교수, 외손녀인 중학생 한혜원과 초등학생 한정원 등 온 가족이 출판 축하 자리를 마련해 주었다. 고마운 마음이다.

사랑과 헌신으로 내조하면서 원고를 리뷰하고 교정해 준 아내 이화여자대학교 홍기숙 명예교수님께 충심으로 감사의 말씀을 드린다. 원고를 리뷰해 준 전문 카피라이터 이원효 고문님께 고마운 인사를 전한다. 특히 본서의 출간을 맡아주신 박영사 안종만 회장님과 정교하게 편집과 교열을 진행해 준 배근하 과장님께 깊이 감사드린다.

2023년 1월
권용우

차례

VII 아메리카

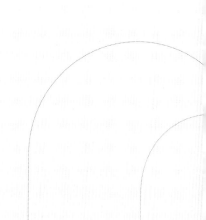

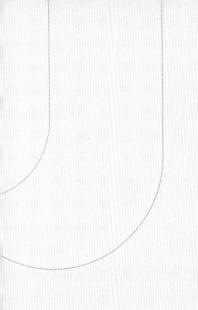

VII

아메리카

아메리카

아메리카는 Americas, America로 표현한다. Americas는 아메리카 대륙 전체를 말한다. America는 미국을 나타내기도 한다. 한글로는 미주(美洲)로 표현한다. UN에서는 아메리카를 North America(북아메리카, 북미), Central America(중앙아메리카, 중미), South America(남아메리카, 남미)로 구분한다.

1507년 독일 지도제작자 발트제뮐러가 이탈리아 탐험가 Amerigo(아메리고) Vespucci의 이름을 따서 아메리카로 명명했다. America는 Amerigo의 라틴어 버전인 Americus의 파생어다. 1538년 메르카토르는 북미와 남미 모두를 아메리카라 표기했다.

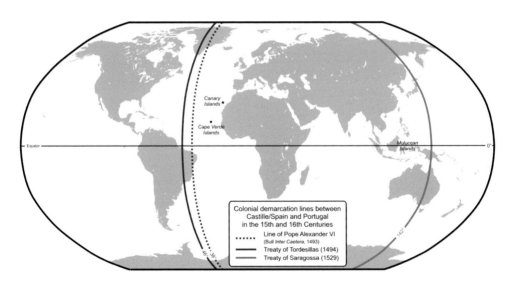

그림 1 **1494년의 토르데시야스 조약**
주: 알렉산드르 6세 보라색 점선, 토르데시야스 조약 보라색 실선, 사라고사 조약 녹색선

그림 2 발견의 시대 동안 「닫힌 바다」 주장

 1492-1504년 기간에 콜럼버스가 서인도 제도를 탐험했다. 그 후 아메리카는 유럽의 식민지가 되었다. 스페인과 포르투갈은 탐험으로 발견한 땅을 토르데시야스(Tordesillas) 조약으로 분할해 점유했다. 1493년 교황 알렉산드르 6세가 제안한 경계선을 수정한 내용이다. 1494년 스페인 토르데시야스에서 조인했다. 아프리카 서해안 카보베르데섬 서쪽 서경 46도를 기준으로 그은 자오선을 경계선으로 했다. 발견의 시대 동안 *Mare clausum*(닫힌 바다) 논리에 근거한 주장이었다. 결과적으로 스페인은 서쪽 지역을, 포르투갈은 동쪽 지역을 차지했다. 태평양 영토 문제는 1529년 사라고사 조약으로 풀었다.그림 1, 2

아메리카 탐험은 「쓰리 G+호기심」으로 설명한다. God(신), Gold(황금), Glory(영광)를 추구하며 신대륙에 대한 호기심으로 이뤄졌다는 지적이다. 지리학자 제레드 다이아몬드는 아메리카 식민지화를 총, 균, 쇠 패러다임으로 분석했다. 총과 칼의 무력과 전염병으로 원주민이 무력화(無力化)되었다고 했다. 아메리카 대륙의 탈식민지화는 1770년대 미국 독립운동을 시작으로, 1990년대 후반 스페인-미국 전쟁으로 종료됐다. 아메리카에는 영어, 스페인어, 포루투갈어, 프랑스어가 퍼졌다. 개신교와 가톨릭의 기독교가 전파됐다.

아메리카에는 57개 국가가 있다. 여기에서는 북미의 미국, 캐나다와 남미의 브라질, 멕시코, 페루, 아르헨티나를 다루기로 한다. 미국과 캐나다 사이에 나이아가라 폭포가, 아르헨티나와 브라질 경계에 이과수 폭포가 있다.

아메리카 합중국

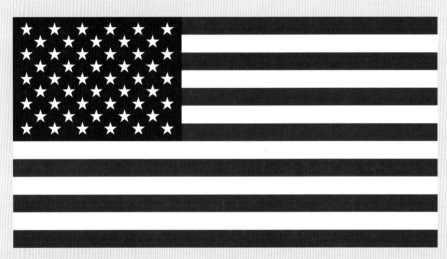

그림 1 아메리카 합중국 국기

01 미국 전개 과정

자연 인문 환경

미국의 공식 명칭은 United States of America이다. 아메리카 합중국이라 말한다. 약자로 USA, US, 미국이라 한다. 9,833,520㎢ 면적에 2021년 기준으로 331,893,745명이 거주한다. 50개 주, 컬럼비아 특별구, 326개의 인디언 보호 구역, 9개의 외딴 섬으로 구성되어 있다. 수도는 워싱턴 D.C.다. 미국은 양원제 입법부, 연방 대통령, 사법부의 3권이 분립된 입헌 공화국이다. 유엔, 세계은행, 국제 통화 기금, 미주 기구 등의 창립회원국이다. 유엔 안전 보장이사회 이사국이다. NATO, AUKUS, 한국, 일본 등과 군사 동맹을 맺었다.

아메리카 합중국을 뜻하는 「United States of America」란 문구는 1776년 1월 2일에 처음 쓰였다. 오늘날 미국령이 된 5개 영토가 있다. 5개 영토는 영토가 된 순서로 괌(1898), 푸에르토리코(1898), 아메리칸 사모아(1900), 미국령 버진 아일랜드(1917), 북마리아나 제도(1986)다.

미국의 국기는 Stars and Stripes(Old Glory)다. 성조기(星條旗)라 표현한다. 바탕에 13개의 붉은색, 흰색의 가로 줄이 그려져 있다. 왼쪽 위편 남색 사각형 안에 50개의 흰색 별이 있다. 13개의 붉고 흰 줄은 초기 연방주 수를 뜻한다.

50개의 흰 별은 오늘날 연방주의 총수를 말한다. 국기는 1775년 그랜드 유니언 기로부터 출발했다. 독립 이후 1977년 13성(星, star) 기를 채택했다. 1977-1959년까지 별이 48개로 늘어났다. 1959년 알래스카가, 1960년 하와이가 들어왔다. 1960년 7월 4일에 50성기가 공식 국기로 확정됐다.그림 1

미국 연방의 공식 언어는 없다. 미국 영어(American English)가 사실상 국어다. 2010년 기준으로 영어를 사용하는 사람은 225,000,000명으로 조사됐다. 두 개의 언어를 사용하는 인구는 23%다.

미국의 산맥은 환태평양조산대의 일환이다. 알래스카로부터 남아메리카에 걸쳐 코르딜레라 산계(山系)가 뻗어 있다. 알래스카의 매킨리산은 고도 6,192m다. 동부 대서양 연안에는 애팔래치아산맥이 있다. 코르딜레라 산계와 애팔래치아산맥 사이에 내륙평야가 있다. 내륙평야에는 미시시피강이 흐른다. 63개의 국립공원, 수백 개의 연방 관리 공원, 삼림 야생 지역이 있다. 미국의 국조(國鳥)는 1782년부터 흰머리수리다.

미국은 온대기후 지역이 많다. 북부는 냉대기후, 플로리다는 열대기후를 나타낸다. 서남쪽에 사막이 있다. 로키산맥 서쪽은 해양성 기후와 지중해성 기후가 공존한다. 멕시코만 연안에는 허리케인이, 중서부와 남부 지역에서는 토네이도가 발생한다.

자유와 개혁의 흐름

① 원주민 시대

아시아와 북아메리카는 베링 육교 베링기아로 연결되어 있었다. 베링기아(Beringia)는 베링 육교를 포함하여 러시아 레나강 서쪽 경계까지의 지역을 말한다. 베링이란 용어는 덴마크 출신 러시아 탐험가 Bering(1681-1741)의 이름에서 따왔다. 유라시아계 종족이 베링기아를 통해 아메리카로 이주해왔다고 설명한다. 아메리카로의 이주는 베링 육교가 물에 잠기는 마지막 빙기인 10,000년 전까지 진행됐다고 추정한다. 클로비스(Clovis) 문화, 프에블로(Pueblo) 문화 유적이 미국 남서부에서 발굴됐다.그림 2 1050-1350년 기간에 원주민이 살았던 도시 카호키아(Cahokia)가 유적으로 남아 있다. 80개의 고분을 포함한 120개의 토목 공사가 진행됐다. 일리노이 남서부 콜린스빌의 카호키아 마운즈(Mounds)가 있다. 1982년 유네스코 세계유산으로 등재됐다.그림 3

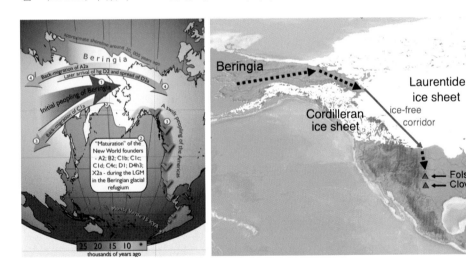

그림 2 베링 육교 베링기아를 통한 인구이동과 클로비스 문화

그림 3 미국 일리노이 콜린스빌의 카호키아 유적지 몽크스 마운드

② 식민지 시대

1492-1504년 기간에 크리스토퍼 콜럼버스는 스페인의 지원을 받아 카리브해를 탐험했다. 1493년 푸에르토리코에 상륙했다. 1513년 스페인이 플로리다를 탐험한 후, 플로리다·뉴멕시코 등지에 정착지를 건설했다.

1497년 영국이 북미 동해안을 탐사했다. 1607년 영국은 버지니아 제임스타운(Jamestown)에 식민지를 세웠다. 1620년 영국의 청교도는 메이플라워호를 타고와 플리머스(Plymouth)에 도착했다. 하선 장소에 1620년을 새긴 플리머스 바위를 남겼다. 바위가 1774년에 둘로 갈라져 틈을 메웠다.그림 4 청교도는 미국 동부 해안 지역에 정착지를 세웠다. 1609년 이후 네덜란드는 맨해튼섬을 뉴 네덜란드의 수도로 삼았다. 1664년 영국은

그림 4 **미국 매사추세츠 플리머스 바위와 상부 구조**

뉴네덜란드를 인수해 New York으로 바꾸고, 수도를 New York City로 개명했다. 프랑스는 루이지애나부터 캐나다에 이르는 넓은 지역에 정착지를 건설했다.

1754-1763년 기간에 영국과 프랑스가 전쟁을 벌였다. 오하이오강 주변의 영토를 차지하기 위해서다. 유럽의 7년 전쟁 때였다. 영국이 승리했다. 영국은 스페인으로부터 플로리다를 할양받았다. 이 전쟁으로 영국은 북아메리카 동쪽 절반의 식민지를 확보했다. 영국은 1607년 버지니아를 시작으로 1732년 조지아에 이르기까지 북아메리카 동해안에 13개의 식민지를 조성했다.

1620년 청교도가 이주할 때부터 종교는 미국 사회의 구성과 유지에서 중요한 역할을 했다. 미국에서는 1740년대의 제1차 대각성 운동과 1790년대 후반 제2차 대각성 운동으로 복음주의 개신교 부흥 운동이 전개됐다.

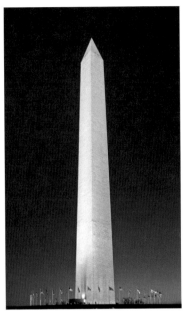

그림 5 미국 초대 대통령 조지 워싱턴과 워싱턴 D.C.의 워싱턴 기념탑

③ 독립과 영토 확장(1776-1849)

영국은 오랜 전쟁으로 군비가 필요했다. 영국은 「차(茶)법」으로 재정 확보를
도모했다. 1773년 「보스턴 차 사건」이 터졌다. 식민지 개척자들이 보스턴
항구를 습격한 것이다. 1774년 13개 식민지 대표들이 대륙 회의를 열고 자
치권을 요구했다. 필라델피아에서였다. 1775년 4월 영국군과 개척민 민병
대가 충돌했다. 충돌은 미국 독립 전쟁으로 발전했다. 1775년 개척민 대표
들은 제2차 대륙 회의를 통해 대륙군을 결성했다. 조지 워싱턴을 전쟁 총사
령관으로 임명했다. 1776년 7월 4일 대륙 회의에서 미국 독립 선언서를 공표
했다. 토머스 제퍼슨 등이 초안했다. 개신교적 사상에 기반한 현대 민주주의
선언문이었다. 1775-1783년 기간에 미국 독립 전쟁이 전개됐다. 1781년 영

국은 요크타운 전투에서 패했다. 1783년 양국은 『파리 조약』을 맺었다. 영국은 아메리카 합중국의 독립을 승인했다.

1797년 초대 대통령 워싱턴은 3선 출마를 거부하고 은퇴했다. 헌법상 대통령의 임기 제한 조항이 없었다. 워싱턴의 용퇴는 미국 대통령 임기의 전통이 되었다. 조지 워싱턴은 1799년에 운명했다.그림 5

1783년 독립 전쟁에서 승리한 미국은 미시시피강 동쪽의 영토를 차지했다. 1803년 토머스 제퍼슨 대통령이 프랑스 나폴레옹과 협상하여 루이지애나와 뉴올리언스를 매입했다. 미국의 영토는 두 배가 되었다. 루이지애나 매입은 ① 프랑스의 전쟁비용 필요성, ② 프랑스의 미영 동맹 체결 저지 의도, ③ 미국의 영토 확장 의지가 맞물려 성사됐다.

미국과 영국 사이에 「1812년 전쟁」이 터졌다. 1812-1814년간 진행됐다. 영국이 미국의 안보를 위협하고 미국 상선을 공격했다는 이유였다. 1814년 8월 영국은 미국 워싱턴을 공격해 도시를 파괴했다. 미국은 영국과 대등하게 싸웠다. 1814년 12월 24일 양국은 벨기에의 헨트에서 헨트 조약을 체결해 종전에 합의했다. 미국은 영국과 맞먹는 국가로 올라섰다. 미국 민족주의와 애국주의가 일어나 연방 결속력이 강화됐다.

1803-1848년 기간에 서부 개척 시대가 열렸다. 국외로부터 이민자들이 밀려왔다. 1848년 캘리포니아에서 금이 발견되면서 사람들이 서부로 몰려갔다. 골드러시 때 서부로 간 사람들을 포티나이너즈(Forty-niners, 49ers)라 불렀다. 골드러시가 1849년에 이어졌기 때문이다.

1836년 텍사스 공화국이 수립됐다. 1845년 미국은 텍사스를 합병했다. 1846년 멕시코와의 전쟁이 일어났다. 미국이 승리했다. 1848년 과달루페 아달고 조약이 체결됐다. 미국은 리오그란데강을 경계로 텍사스, 캘리포니아, 뉴멕시코까지 영토를 확장했다.

그림 6 미국의 영토 확장 1783-1917

미국은 장기간 영토를 넓혔다. 독립 후 1783년의 영토는 13개 주아 5대호 연안이었다. 1803년 프랑스로부터 루이지애나를 매입했다. 1818년 영국으로부터 몬태나 북쪽과 노스 다코다 북동쪽·미네소타 북서쪽 일부를 넘겨받았다. 1819년 스페인으로부터 동·서 플로리다를 사들였다. 1819년 콜로라도 서쪽 일부도 매입했다. 1845년 텍사스를 병합했다. 1846년 영국과 협정으로 오리건을 병합했다. 1848년 멕시코로부터 캘리포니아를 넘겨받았다. 1853년 멕시코로부터 캘리포니아 남쪽 일부를 사들였다. 1867년 러시아로부터 알래스카를 매입했다. 1898년 하와이를 병합했다. 1898년 스페인으로부터 푸에르토리코를 넘겨받았다. 1917년 덴마크로부터 버진 아일랜드를 사들였다.그림 6

④ 남북 전쟁과 영토 관리(1849-1890)

영토가 확대되면서 지역별로 갈등이 표출됐다. 북부는 청교도가 많고 독립적이었다. 남부는 플랜테이션 농업으로 많은 노동력이 필요했다. 남부 노동력은 아프리카 흑인 노예들이 상당 부분 담당했다. 1828년 메릴랜드에서 민주당(Demographic Party)이, 1854년 위스콘신에서 공화당(Republican Party)이 창당됐다.

1860년 제16대 대통령으로 공화당의 에이브러햄 링컨(Lincoln)이 당선됐다. 그는 흑인 노예 해방을 내걸었다. 북부 자본가들은 환호했다. 남부 노예주는 반발했다. 남부는 남부 맹방을 결성하여 연방 정부와의 분리를 선언했다. 연방 정부는 남부 맹방을 인정하지 않았다. 1861년 4월 12일 남부 맹방군이 사우스캐롤라이나 찰스턴 항의 섬터 요새를 포격했다. 남북 전쟁(American Civil War)의 내전이 발발한 것이다. 남북 전쟁은 1865년까지 4년간 지속됐다. 1863년 1월 1일 링컨은『노예 해방 선언서』를 발표했다. 남부 연합 주에 있는 350만 명의 아프리카계 노예 미국인은 자유라고 선언한 것이다. 북군은 1865년 4월 9일 남군을 누르고 승리했다. 링컨은 1865년 4월 14일 워

그림 7 미국 16대 대통령 에이브러햄 링컨

싱턴 D.C. 포드 극장에서 총에 맞아 다음날 운명했다.그림 7

링컨은 1863년 11월 19일 『게티스버그 연설』에서 명문을 남겼다. 게티스버그 전투에서 순직한 병사들의 국립묘지 봉헌식에서 발표한 연설이었다. 300단어 미만으로 2-3분 길이였다. 미합중국 독립선언서에서 천명한 인간 평등의 원칙이 전제됐다. 남북 전쟁은 국민들에게 평등한 결합을 가져다 주는 「자유의 재탄생」 투쟁임을 역설했다. 투쟁은 살아 있는 사람들을 위해 헌납하는 것이라고 말했다. 국민에게 헌신해야 함을 강조했다.

흑인은 노예에서 해방되었으나 쿠 클럭스 크랜(Ku Klux Klan, KKK)의 폭력에 시달렸다. 쿠 클럭스 클랜은 '원(circle) 집단(clan)'의 뜻이다. 남북 전쟁 후 1865년 테네시에서 백인 우월주의자인 남부군 장교들이 결성했다.

흑인을 위한 제도가 만들어졌다. 1865년 미국은 헌법으로 노예 제도를 불법화시켰다. 1868년 7월 9일 수정 제14조는 흑인에게 시민권을 보장했다. 1870년 2월 3일 수정 15조는 유색 인종의 선거권을 박탈하지 못하도록 했다.

1876-1965년 기간에 짐 크로우(Jim Crow) 법이 시행됐다. 이 법은 인종간 분리를 도모하는 법이었다. 「미국의 흑인들은 분리되어 있으나 평등하다」는 논리에 기초했다. 현실에서 흑인들은 열등한 대우를 받아 경제, 교육, 사회적으로 불평등을 겪었다.

1862년 5월 20일 자영 농지를 보장하는 홈스테드(Homestead)법으로 서부 지역이 크게 확장됐다. 이 법으로 1862-1886년 기간 동안 1,600,000명의 자영농이 생겼다. 서부 개척으로 영토는 태평양까지 이르렀다. 그러나 육상 교통인 마차는 반년이 소요됐다. 해상 교통인 선박은 남미 대륙의 남단을 돌아 오는데 4개월이 걸렸다. 이런 연유로 1863년 링컨 대통령은 대륙횡단철도 건설을 진행했다. 6년 간의 공사 끝인 1869년 5월 10일에 로키산맥을 넘는 대륙횡단철도가 완공됐다. 유타 프리몬토리 정상에서 센트럴 퍼시픽과 유니언 퍼시픽 철도가 황금 스파이크 의식을 가졌다. 캘리포니아 새크라멘토와 아이오와 카운슬 블러프스를 잇는 철도였다. 총길이는 3,077km였다.

광대한 서부에서 방목이 활성화되면서 카우보이가 등장했다. 적은 인구가 기계화 영농으로 대규모 농장을 경작했다. 법질서가 취약한 서부에서는 보안관 제노가 수립됐다. 서부에 사는 아메리카 인디언은 「인디언 보호 구역」에 수용당했다. 인디언은 참정권이 인정된 1930년까지 어렵게 살았다.

1867년 미국은 러시아로부터 알래스카를 사들였다. 1899년 알래스카에서 금이 발견됐다. 1957년 석유가 나왔다. 석탄, 천연가스, 아연, 은이 산출된다. 알래스카 앵커리지는 2020년에 291,247명이 사는 도시로 발달했다.

⑤ 태평양 진출과 제1차 세계 대전(1890-1940)

미국은 1823년 이래 먼로주의(Monroe Doctrine)를 견지했다. 「유럽과 아메리카 대륙은 상호 간섭하지 않는다」는 외교적 고립정책이었다. 그러나 1889년 전미 회의에서 라틴 아메리카 진출을 촉구했다. 1904-1914년 기간에 파나마 운하를 건설했다. 1898년 미국은 하와이를 합병하면서 태평양으로 진출했다. 1898년 스페인-미국 전쟁에서 미국이 승리했다. 1898년 12월 10일 파리 조약으로 미국은 쿠바, 필리핀, 괌, 푸에르토리코의 지배권을 얻었다.

1880년대 남유럽과 동유럽에서 이민자가 유입됐다. 중국과 일본에서도 이민자가 들어왔다. 1910-1930년 기간에 남부 흑인 2,000,000명이 인종 차

별을 피해 북부 도시로 이주했다.

미국은 1917년 4월 6일 제1차 세계 대전에 참전했다. 독일 U보트가 미국 선박을 공격했기 때문이다. 승전국이 됐다. 제1차 세계 대전 동안 미국은 전쟁 물자 공급으로 재정이 풍부해졌다. 전쟁이 끝나 수요가 사라지자, 실업자가 생겼다. 1921-1929년 사이에 융자기관이 사람들에게 돈을 빌려주었다. 사람들은 주식을 샀다. 융자기관이 융자금을 거둬들이려 했다. 사람들이 돈을 갚기 위해 주식을 대거 내놓았다. 주식시장은 아수라장이 됐다. 검은 목요일에 일어난 1929년의 대공황(Great Crash)이 터진 것이다. 경제 대공황의 여파가 전 세계를 덮쳤다.

⑥ 제2차 세계 대전과 시민권 운동(1941-1980)

제1차 세계 대전의 패전으로 독일은 과도한 전쟁 배상금을 물어야 했다. 히틀러는 이를 거부하고 권력을 장악했다. 나치즘을 내세웠다. 1939년 제2차 세계 대전을 일으켰다. 미국은 대공황의 여파로 전쟁에 참여할 여력이 없었다. 그러나 일본 제국이 진주만을 공습했다. 1941년 12월 7일이었다. 미국은 연합국과 함께 참전해 승리했다. 제2차 세계 대전 기간에 전쟁 물자를 공급하면서 경제가 살아났다.

1945년 이후 자본주의와 공산주의는 진영간 냉전 체제로 대립했다. 1948-1951년 기간에 미국은 마셜 플랜으로 유럽이 공산화되는 것을 막으며 유럽 부흥을 도왔다. 1949년에 결성된 NATO는 소련의 유럽 진출을 저지했다. 냉전의 여파로 한국, 독일, 오스트리아가 분단됐다. 1950-1953년의 한국전에 참전해 공산화를 막았다. 1955-1975년에는 베트남 전쟁에 관여했다.

1960년대 마틴 루터 킹은 실질적인 흑인 해방을 외치면서 시민권 운동을 펼쳤다. 1965년 인종 차별법 성격의 짐 크로우 법이 폐기됐다.

⑦ 현대(1980-현재)

1981년 이후 미국은 신자유주의, 복지 축소, 군비 지출을 늘렸다. 재정과 무역 적자가 나타났다. 1991년 소련이 붕괴되면서 미국은 초강대국으로 부상했다. 미국은 세계 평화를 책임지겠다고 나섰다. 중동, 발칸 지역에서 분쟁을 중재했다. 2001년 이슬람 무장단체 알카에다가 미국을 테러했다. 테러리스트들에 대한 응징이 이뤄졌다.

경제 활동

미국은 18세기 후반부터 19세기 전반의 1차 산업혁명과 1865년 남북전쟁 이후 1900년까지의 2차 산업혁명을 거쳐 산업화를 진행했다. 1793년 슬레이터는 강물을 활용하여 수력 면방직 기계를 돌렸다. 로드 아일랜드 블랙스톤강 유역 포터켓에 공장을 세웠다. 슬레이터 밀 (Slater Mill)이라 하며 1966년 국가 사적지로 등재됐다.그림 8 1807년 풀턴은 허드슨강에서 증기선을 운항했다. 1837년 모스는 전신기를, 1846년 하우는 현대적 재봉틀을 발명했다. 자원이 풍부한 서부로 영토

그림 8 **미국 로드 아일랜드 포터켓의 수력 면방직 공장 슬레이터 밀**

미국
미국 달러의 외부 채택자
미국 달러에 고정된 통화
미국 달러에 고정된 통화 w/ 협대역

그림 9 **세계적 기축통화 달러 사용 지역**

가 넓혀지면서 산업화가 가속화됐다. 1869년 대륙횡단 철도가 개통됐다. 인적·물적 유통 체계가 확충되었다. 1870년 록펠러의 석유, 1876년 벨의 전화기, 1876년 에디슨의 각종 발명품, 1892년 카네기의 철강이 산업의 고도화를 촉진했다. 도시에 일자리가 많아져 농촌에서 도시로 사람들이 몰렸다. 1877년 철도 노조 운동이 일어났다. 1903년 미시간 디어본에 포드 자동차가 세워졌다. 1903년 라이트 형제가 공기보다 무거운 동력 항공기를 날게 했다. 노스캐롤라이나 키티호크에서 비행했다.

파시즘과 나치즘을 피해 아인슈타인, 페르미, 노이만 등 유럽 과학자가 미국으로 이주했다. 맨해튼 프로젝트로 핵무기를 개발했다. 우주 시대를 열어 로켓, 재료 과학, 항공 분야가 발달했다. 1950년대 트랜지스터가 발명됐다. 캘리포니아 실리콘 밸리는 새로운 기술의 본산이 됐다. 애플, 마이크로소프트 등 컴퓨터 산업이 일어났다. 2003년 전기 자동차를 생산했다. 아메리칸,

델타, 유나이티드 등은 항공 교통이 대중화를 실현시켰다. 아트랙(Amtrak)은 도시 간 승객 서비스를 제공했다.

미국은 첨단 기술과 혁신적 경제 시스템을 갖추고 있다. 인공 지능, 컴퓨터, 제약, 의료, 항공 우주, 군사 장비 기술이 세계적이다. 2022년 기준으로 미국의 국내총생산(GDP)은 IMF 추정 25,346,805,000,000달러다. 세계 1위다. 2022년 미국의 1인당 GDP는 76,027달러다. 오늘날 미국 달러는 기축통화(基軸通貨, world currency) 역할을 한다.그림 9 2019년 기준으로 에너지는 석유(35.6%), 천연 가스(32%), 석탄(11.4%), 재생 에너지(11.4%), 원자력(8.4%)을 활용한다.

노벨상 수상자는 2022년 기준으로 406명이다. 세계 1위다. 하버드, 캘리포니아 버클리, 시카고, MIT, 컬럼비아, 스탠포드, 캘리포니아 공대, 프린스턴, 예일, 코넬 대학 등에서 수상자를 다수 배출했다.

생활 양식

2020년 공공종교연구소 자료에 따르면 미국인의 69.7%가 기독교인이다. 이중 개신교가 45.6%, 가톨릭이 21.8%, 몰몬교가 1.3%, 여호와의 증인이 0.5%, 정통 기독교가 0.5%다. 그리고 유대교는 1.4%, 이슬람교, 불교, 힌두교는 1% 미만으로 조사됐다. 종교가 없는 사람은 23.3%다.그림 10

미국의 2020년 인종 구성은 백인 61.6%, 흑인 12.4%, 아시아인 6.0%, 아메리카 원주민 1.1%, 태평양 섬 주민 0.2%, 타인종 10.2%, 기타 8.5%다. 특히 미국인의 18.7%가 히스패닉/라틴계라고 조사됐다. 2018년 기준으로 전체 인구의 28%가 이민자 가정이다.

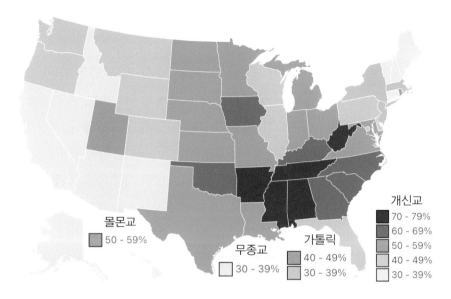

개신교
70 - 79%
60 - 69%
50 - 59%
40 - 49%
30 - 39%

몰몬교
50 - 59%

무종교
30 - 39%

가톨릭
40 - 49%
30 - 39%

그림 10 **2014년 미국의 종교 분포**

대도시권은 핵심 기반 통계 지역(Core-Based Statistical Area, CBSA) 또는 대도시 통계 지역(Metrpolitan Statiscal Area, MSA)으로 정의한다. 2020년 미국과 푸에르토리코에 939개의 CBSA와 392개의 MSA가 있다. 2020년 기준으로 미국인의 82.6%가 대도시권에 산다.그림 11 대도시권은 중심도시와 교외지역으로 구성되어 있다. 중심도시가 커지면 교외화(suburbanization)가 나타나 거주, 공업, 상업 기능이 교외지역으로 나간다.

미국인들은 강한 직업 윤리관, 경쟁력, 개인주의를 강조한다. 자유 민주주의, 시장경제, 평등, 법치주의, 인권, 삶의 질을 중시한다. 2006년 미국인은 GDP의 1.67%를 자선단체에 기부한다고 연구됐다.

마크 트웨인, 나다니엘 호오돈, 에드가 알란 포, 허먼 멜빌, 어니스트 헤밍웨이, 존 스타인벡 등은 미국 문학을 세계에 알렸다. 노벨 문학상 수상자가

그림 11 미국과 푸에르토리코의 핵심 기반 통계 지역과 대도시 통계 지역
주: 대도시 통계 지역은 중간 녹색으로 표시

12명 있다. 헨리 쏘로우, 랄프 에머슨은 미국 철학을 확립했다. 존 듀이는 실용주의를 발전시켰다. 노암 촘스키는 분석 철학을, 존 롤스는 정치 철학을 이끌었다. 앤디 워홀은 팝아트를 발전시켰다. 프랭크 게리는 포스트 모더니즘 건축을 표현했다.

미국에는 패스트푸드 산업이 발달했다. 1940년대에 드라이브 스루 스타일이 대두했다. 프라이드치킨, 도넛, 애플파이, 햄버거, 핫도그 등은 세계적 음식이다. 커피, 오렌지 주스, 우유는 아침 식사 음료다.

빌링스의 애국적 찬송가와 존 수사의 군가 등에서 미국적인 음악이 이루어졌다. 존 케이지, 조지 거슈인 등은 휴전 음악을 만들었다. 민속과 고전이

어우러진 블루스가 등장했다. 20세기 초에 루이 암스트롱, 듀크 엘링턴의 재즈 음악이 대두됐다. 1920년대에 컨트리 음악이, 1940년대에 리듬 앤 블루스가 연주됐다. 1950년대에 엘비스 프레슬리, 척 베리가 로큰롤을 개척했다. 1960년대에 밥 딜런이 포크를, 제임스 브라운이 펑크 음악을 선보였다. 힙합, 살사, 테크노, 하우스 뮤직이 창작됐다. 빙 크로스비, 프랭크 시나트라, 마이클 잭슨이 팝 뮤지션으로 활동했다. 21세기 디지털 기술의 발전과 함께 독립적인 인디 팝, EDM 장르가 부상했다. 2000년대에 이르러 대한민국의 BTS 등의 뮤지션이 미국 음악계에 등장했다.

1894년 에디슨이 뉴욕에서 상업 영화를 틀었다. 20세기에 캘리포니아 할리우드는 영화 산업의 메카가 되었다. 월트 디즈니가 애니메이션을, 존 포드가 서부 개척을 영상화했다. 존 웨인, 마릴린 먼로 등이 스타로 군림했다. 스티븐 스필버그, 조지 루카스가 블록버스터 영화를 만들었다. 미국 영화 연구소는 1939년 『바람과 함께 사라지다』, 1941년 『시민 케인』, 1942년 『카사블랑카』, 1962년 『아라비아의 로렌스』, 1972년 『대부』, 1993년 『쉰들러 리스트』 등을 좋은 영화로 주목했다. 1929년부터 아카데미상을, 1944년부터 골든 글로브 상을 매년 시상하고 있다. 미국 연극은 미국 맨해튼에서 주로 이뤄진다.

미식축구, 야구, 농구, 아이스하키 등은 미국인이 좋아하는 스포츠다. 내셔널풋볼리그(NFL), 메이저야구리그(MLB), 내셔널농구리그(NBA), 내셔널하키리그(NHL)는 국민 스포츠 행사다. 1990년대 이후 축구는 미국에서 급성장한 스포츠다. 1904년 이후 미국에서 8번의 올림픽이 개최됐다.

ABC, NBC, CBS, FOX는 상업적 영상매체다. 월스트리트 저널, 뉴욕 타임즈, USA 투데이 등의 신문사와 AP, Reuter 등의 통신사가 있다. 조지아 애틀랜타에 CNN 뉴스 전문 채널이 있다. 구글, 유튜브, 페이스북은 세계적으로 사용하는 웹사이트다.

지역 분류 시스템

미국의 지역 분류 시스템은 미국 인구 조사국의 정의에 따른다. 1950년 이래 미국 인구조사국은 미국 지역을 북동부, 중서부, 남부, 서부의 4개 통계 지역으로 정의한다. 센서스 데이터 수집과 분석을 위해서다. 푸에르토리코와 기타 미국 영토도 인구 조사 지역에 포함시킨다.그림 12

　여기에서는 수도 워싱턴 D.C.와 세계 도시 뉴욕을 우선적으로 고찰한 후, 이어서 4개 지역의 주요 도시들을 살펴보기로 한다.

그림 12 **미국 인구조사국의 센서스 지역 구분**

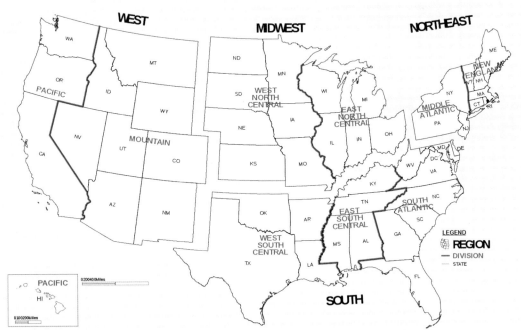

그림 13 미국의 수도 워싱턴 D.C.

02 수도 워싱턴 D.C.

「워싱턴 디.씨.」는 미합중국 헌법 제1조에서 규정한 미국의 수도다. 정식 명칭은 Washington, District of Columbia다. 「워싱턴 특별구」로 표현한다. 177.0㎢ 면적에 2020년 기준으로 689,545명이 거주한다. 워싱턴 D.C. 대도시권 인구는 6,385,162명이다. 워싱턴 D.C.에는 정부와 관련 기관이 있다.그림 13

Washington은 미국 초대 대통령 George Washington의 이름에서 따왔다. Columbia는 Columbus의 -us 대신 –ia를 붙여 '콜럼버스의 땅'이란 뜻으로 쓰인 라틴어에서 유래했다. 미국 연방 정부의 대통령 집무실 백악관, 연방 의회, 연방 대법원, 펜타곤이 소재해 있다. 174개 대사관, 세계 은행, 국제 통화 기금, 미주 기구, 국가 기념물, 박물관 등이 있다.

알곤퀴안어를 사용하는 코노이 부족이 포토맥강 주변에 살고 있었다. 1600년대에 유럽인이 이곳에 들어와 농장을 운영했다. 1749년 백인들은 정착 도시 알렉산드리아를 세웠다. 1783년 의회는 영구적인 미국의 수도를 설치하기로 의결했다. 주마다 자기 주에 수도를 두고자 했다. 1790년 미국의 수도는 어떤 주에도 속하지 않는 독자적인 행정 구역으로 설치하자는 제안이 있었다. 1790년 7월 16일 워싱턴 대통령은 수도 입지법 제정에 서명했다. 당시 미국의 중심부인 메릴랜드와 버지니아 경계에 있는 포토맥강 유역을 새로운 수도로 정했다. 1792년 10월에 착공하여 1801년에 완공했다. 미국의 수도는 1785-1790년 기간에는 뉴욕, 1790-1800년 사이에는 필라델피아였다. 1800년에 수도를 워싱턴 D.C.로 옮겼다. 당시 인구는 8,144명이었다.

1814년 영국과의 전쟁이 벌어졌다. 블래덴스버그(Bladensburg) 전투다. 영국군은 워싱턴 D.C.를 점령해서 대통령 집무실, 의사당, 정부청사를 불질렀다. 소실되었던 건물은 1819년 모두 복구되었다. 대통령 관저를 하얗게 칠해 「백악관(White House)」이란 명칭을 얻었다.

연방 의회는 워싱턴시(市) 도시 관리를 대통령의 권한 밑에 두었다. 1820년에 이르러 시장을 선거로 뽑게 되었다. 1964년 헌법개정으로 시민에게 대통령 선거권이 주어졌다. 1973년 시정부 위원 선거도 할 수 있게 됐다.

남북전쟁 당시 워싱턴 D.C.에 북군이 주둔했다. 많은 사람이 북군을 도와 수도를 지키려고 워싱턴 D.C.로 이주해 왔다. 노예 생활에서 해방된 흑인들이 들어왔다. 남북 전쟁이 끝난 후 도시개발이 본격화됐다. 1930년대 경제공황 때 연방정부는 많은 프로젝트를 수행해 일자리를 창출했다.

워싱턴 D.C.는 계획도시다. 프랑스 도시계획가 피에르 샤를 랑팡이 주관했다. 1791년 워싱턴 대통령은 랑팡에게 수도 설계를 의뢰했다. 랑팡은 사각형과 원형을 중심으로 넓은 도로가 탁트인 공간을 가로지르는 도시를 계획했다. 1792년 3월 랑팡은 도시 건설에서의 견해차로 사임했다. 랑팡과 함께 도시 설계를 했던 앤드루 엘리컷이 마무리했다. 1901년 의회 의사당 마당과 내셔널 몰(National Mall) 경관을 추가해 도시 설계를 보완했다. 도시는 의회 의사당을 중심으로 4개 지구(quadrant)로 구획된다. 북동, 북서, 남동, 남서다. 1899년 건물 고도 제한법이 제정됐다. 건물의 고도를 의사당보다 낮게 짓도록 했다. 워싱턴 기념탑이 169.3m로 가장 높다.그림 14

그림 14 **미국 워싱턴 D.C.의 도시 계획과 4개 지구**

그림 15 **미국 워싱턴 D.C.의 워싱턴 기념탑과 링컨 기념관**

워싱턴 D.C. 대부분의 거리는 격자 모양이다. 동서 방향 거리 이름에는 글자가 붙어 C Street SW로 나타낸다. 남북 방향 거리 이름에는 숫자가 붙어 4th Street NW로 표현한다. 대각선 간선 도로는 주(州) 이름 뒤에 Avenue를, 종축 도로는 번호 뒤에 Street를, 횡축 도로는 알파벳 뒤에 Street를 넣어 표기한다. 백악관과 국회 의사당은 펜실베이니아 거리로 연결된다. 174개국 외국 대사관 가운데 59개 대사관은 매사추세츠 거리에 있다. 대사관길 (Embassy Row)이라고 부른다.

내셔널 몰은 개방형 공원이다. 동쪽에 국회 의사당이 있다. 서쪽에는 링컨 기념관이 있다 워싱턴 기념탑은 내셔널 몰이 중안에 있다. 1848년 7월 4일에 세웠다. 워싱턴 기념탑을 중심으로 동쪽에는 박물관이, 서쪽에는 기념관이 있다. 북쪽에는 프레지던트 공원과 백악관이 있다. 리플렉팅 풀 연못물에 워싱턴 기념탑이 반사되어 보인다.그림 15

1963년 8월 28일 내셔널 몰에 250,000명이 모였다. 이때 마틴 루터 킹 주니어 목사가 "나는 꿈이 있다(I have a dream)"는 연설을 했다.그림 16

미국 의회 의사당(Capitol)은 연방 정부의 입법부인 미국 의회 건물이다. 1800년에 완공되었다. 1814년 영국군이 쳐들어와 의사당이 전소됐으나 복구했다. 1856-1866년 기간에 돔이 얹혔다. 1962년까지 의사당을 확장했다. 건물은 백색의 신고전주의 양식이다.그림 17 1800년 의회 도서관이 개장했다.

링컨 기념관은 링컨 대통령을 기리는 국가 기념관이다. 1922년 5월에 헌정되었다. 도리스 양식과 신고전주의 양식으로 지었다. 링컨의 좌상 동상이 중앙에 있다. 게티즈버그 연설문과 취임식 연설문이 새겨져 있다.

그림 16 **미국 워싱턴 D.C. 내셔널 몰의 1963년 워싱턴 행진**

그림 17 **미국 워싱턴 D.C.의 의회 의사당**

링컨 기념관 앞에 한국 전쟁 참전 용사 기념관이 있다. 1986년에 세웠다. 19개의 조각상과 기억의 웅덩이 등이 있다. 1995년 미국 국립 사적지로 지정됐다. 2022년 7월 28일 한국전 추모비 부근에 화강암으로 「추모의 벽」이 세워졌다. 추모의 벽에는 미군 전사자와 한국군 지원 부대 전사자 43,808명의 이름이 새겨져 있다.그림 18 베트남 참전용사 추모비, 제2차 세계 대전 기념비 등도 있다.

워싱턴 기념탑 남쪽에 인공 저수지 조수 분지(Tidal Basin)가 있다. 포토맥강과 연결되어 있다. 분지의 면적은 43ha이고 깊이는 3.0m다. 분지 주변에는 벚꽃 나무가 있다. 제퍼슨 기념관, 1차 세계 대전 기념관 등이 있다. 제퍼슨 기념관은 1943년에 지었고, 제퍼슨의 동상은 1947년에 건립했다. 제퍼슨은 미국 건국에 공헌했고, 미국 독립 선언문의 주요 초안자로 평가받았다. 신고 전주의 양식이다.그림 19

그림 18 미국 워싱턴 D.C.의 한국 전쟁 참전 용사 기념관

그림 19 미국 워싱턴 D.C.의 제퍼슨 기념관

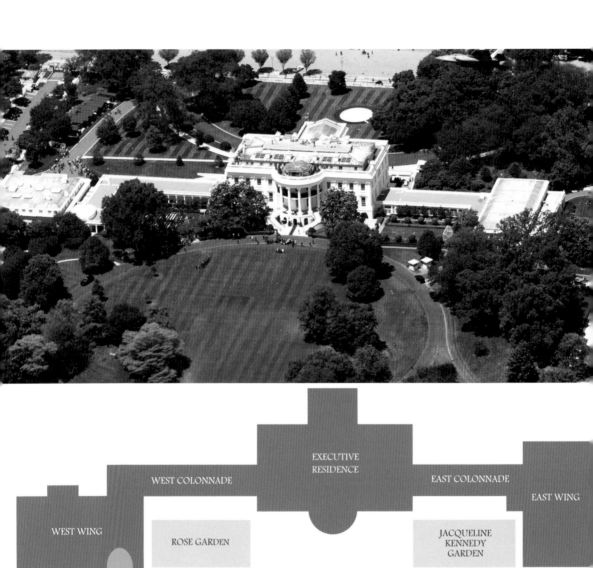

그림 20 미국 워싱턴 D.C. 백악관의 웨스트 윙, 집무실, 이스트 윙

백악관은 미국 대통령의 공식 거주지이며 집무실이다. 1800년 이후 미국 대통령의 거주지다. 「White House」라는 용어는 대통령과 그의 보좌관을 지칭하기도 한다. 신고전주의 양식이다. 1792-1800년 기간에 건설했다. 아쿠아 크릭 사암을 활용했다. 건물 바닥 면적은 5,100㎡다. 1824년에 반원형의 남주랑이, 1902년에 웨스트 윙이, 1909년에 대통령 집무실(Oval Office)이, 1942년에 이스트 윙이 지어졌다. 오늘날 백악관 단지에는 대통령 거주지, 웨스트 윙, 이스트 윙, 아이젠하워 행정부 건물, 블레어 하우스가 있다.그림 20

그림 21 **미국 워싱턴 D.C. 백악관의 대통령 집무실**

중앙 건물인 대통령 거주지는 1층, 스테이트 플로어, 2층, 3층과 지하 2층 등 6층으로 구성됐다. 웨스트 윙에는 대통령 공식 업무 공간인 대통령 집무실, 내각실, 상황실, 루스벨트 룸이 있다. 2층에 위치한 대통령 집무실은 타원형 모양의 방이다.그림 21 웨스트 윙 4개 층에는 백악관 비서실장, 대통령 보좌관, 대통령 수석 고문실 등이 있다. 웨스트 윙과 대통령 주거지 사이의 콜로네이드에 언론 비서실과 백악관 기자실이 있다. 이스트 윙은 2층 구조다. 사회비서실, 그래픽 서예실, 영부인과 직원 사무실, 극장 등이 있다.

아이젠하워 행정부 건물은 백악관 옆에 있다. 부통령 등이 사용한다. 1871-1888년 기간에 지었다. 1999년 드와이트 아이젠하워 대통령의 이름을 따서 명명됐다. 블레어 하우스는 백악관 건너편에 있다. 대통령 방문 인사를 접대하는 국빈 영빈관이다.

알링턴(Arlington) 국립묘지는 미국의 국립 위령 시설이다. 워싱턴 D.C. 포토맥 강 건너편의 버지니아 알링턴에 있다. 1864년에 세웠다. 세계 대전, 한국 전쟁 등의 전사자와 미국을 위해 산화한 영령들의 묘지다. 5월의 마지막 월요일 현충일에 헌화한다.그림 22

그림 22 **미국 버지니아 알링턴 국립묘지와 현충일 헌화**

그림 23 **미국 버지니아의 펜타곤과 포토맥강, 워싱턴 기념탑**

　펜타곤(The Pentagon)은 미국 국방부 본부 건물이다. 워싱턴 D.C. 포토맥 강 건너편 버지니아 알링턴에 있다. 오각형 건물로 1943년 완공됐다. 바닥 면적은 620,000㎡다. 지상 5층, 지하 2층이다. 20,000㎡의 중앙 플라자는 「그라운드 제로(ground zero)」라는 별칭이 있다. 핵 전쟁의 목표가 될 것이라 추정해서 붙인 이름이다.그림 23

　미국 연방 대법원은 사법부를 총괄하는 최고의 사법 기관이다. 1789년에 설립됐다. 워싱턴 D.C.에 있다. 대법관은 종신직이다.

　연방수사국(FBI)은 법무부 산하의 수사 정보 기관이다. 1908년 법무부 수사국으로 발족했다. 1935년 연방 수사국으로 개칭했다. 본부는 워싱턴 D.C.에 있다. 범죄의 국제화에 대비해 전 세계에 지부를 두고 있다.

　스미소니언(Smithsonian) 인스티튜션은 1846년 연방정부가 설립한 교육 재단이다. 워싱턴 D.C.에 있는 박물관과 미술관을 관리한다. 정부가 지원한

그림 24 **미국 워싱턴 D.C.의 스미소니안 박물관**

다.그림 24 스미소니안에 속하지 않는 박물관은 국립 여성 예술가 박물관, 성경 박물관, 내셔널 지오그래픽 협회 박물관 등이 있다.

1971년 문을 연 존 F. 케네디 센터에서는 오페라, 발레 등이 공연된다. 1865년 링컨 대통령이 암살되었던 포드 극장은 박물관과 공연장으로 운영된다. 주미 대한제국 공사관은 1882년 대한제국이 미국과 수교하면서 세운 건물이다. 대한제국이 외국에 세운 공사관 중 원형이 남아 있는 공사관이다. 워싱턴 D.C.에는 1789년 조지타운대를 비롯해 일찍부터 여러 대학이 들어섰다.

워싱턴 D.C.의 관문 공항은 워싱턴 덜레스 국제공항이다. 1958년 개항했다. 아이젠하워 대통령 때 국무장관인 존 포스터 덜레스(Delles)의 이름에서 따왔다. 대한항공은 인천국제공항과 덜레스 국제공항을 직항편으로 운항한다. 1908년부터 운행한 워싱턴 유니언 기차역이 있다. 포토맥강을 통해 대서양과 수상 교통으로 연결된다.

03 세계 도시 뉴욕

뉴욕시는 New York City, City of New York으로 표현한다. 뉴욕은 세계 도시다. 1,223.59㎢ 면적에 2020년 기준으로 8,804,190명이 거주한다. 뉴욕 대도시권 인구는 20,140,470명이다.

뉴욕은 멜팅 팟(melting pot)이라고 불린다. 다민족의 도시다. 뉴욕시에서는 60여 개 언어가, 뉴욕 대도시권에서는 600여 개의 언어가 사용된다. 영어, 스페인어, 중국어, 러시아어, 이탈리아어 등이 많이 쓰인다.

뉴욕은 대중교통이 발달되어 있다. 시민의 절반이 대중교통을 이용해 통근, 통학하고 있다. 기차 노선 암트랙(Amtrak)이 운행된다. 뉴욕 지하철은 거의 전 노선이 24시간 영업한다. 엠티에이(MTA) 버스는 다섯 개의 자치구에서 운행된다. 옐로 캡이라 불리는 택시가 활용된다.

전개과정

1524년 프랑스가 뉴욕 만을 다녀갔다. 1524년 스페인이 뉴욕 항만 허드슨 강 입구를 탐험했다. 1609년 영국인 헨리 허드슨이 뉴욕 항구에 도착했다. 뉴욕 항구에 흐르는 강을 허드슨강이라고 명명했다. 1614년 네덜란드는 맨해튼 남단에 정착지를 세우고, 1624년 무역항을 설립했다. 1626년 네덜란드는 이곳을 뉴암스테르담(New Amsterdam)이라고 불렀다. 1626년 네덜란드는 레나페족으로부터 맨해튼섬을 60휠던 정도의 물품을 주고 교환했다. 현재 가격으로 1,000달러 정도로 추정한다.그림 25 1664년 영국은 이 지역을 강제 점령했다. 영국 왕 찰스 2세는 이곳의 지명을 뉴욕이라고 바꿨다. 그의 동생 요크 공의 이름을 따서 뉴 요크라 했다. 줄여서 뉴욕이라 불렀다.

그림 25 **정북 방향에서 본 1664년의 뉴 암스테르담**

1700년 뉴욕에 시청이 세워졌다. 1754년 컬럼비아 대학교가 설립됐다. 1811년 도시 계획으로 뉴욕 도로는 바둑판 모양이 됐다. 1819년에 이리 운하가 개통됐다. 북아메리카 내륙의 농업 시장이 대서양으로 연결됐다. 1847년 아일랜드 대기근으로 아일랜드 이주민이 유입됐다. 독일 이민자도 들어왔다. 도시공원 센트럴 파크가 조성됐다. 1904년 뉴욕 지하철이 개통되었다. 1920년대에 아프리카계 남부 미국인이 뉴욕으로 들어왔다. 초고층 빌딩이 지어졌다. 1930년대 뉴욕 대도시권 인구가 10,000,000명을 넘어섰다.

제2차 세계 대전 이후 경제 부흥이 시작됐다. 퀸스 동부는 주거 지역으로 개발됐다. 월 가는 세계 경제의 중심지로 변모했다. 국제 연합 본부가 설치되면서 뉴욕은 정치적 영향력이 커졌다. 추상 표현주의 예술이 시작됐다. 1960년 산업 구조 조정으로 일자리가 줄었다. 일자리 축소는 1970년대 경제 문제와 범죄율 상승 등으로 나타났다.

5개 자치구

뉴욕은 다섯 개 자치구(borough)로 나뉘어 있다. 맨해튼, 브루클린, 퀸스, 브롱크스, 스태튼아일랜드다. 이 자치구들은 각각 독립되어 있다가 1898년 뉴욕에 합병되었다. 뉴욕 항은 자연 항구다. 뉴욕의 왼쪽에 허드슨강이 흐른다. 맨해튼, 퀸스, 브롱크스 자치구 사이로 이스트강이 지나간다. 허드슨강과 이스트강은 대서양에서 합류한다.그림 26

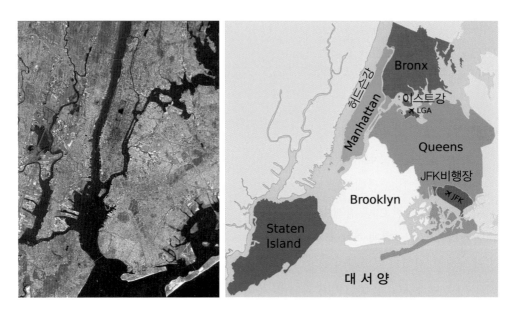

그림 26 **미국 뉴욕 위성 사진과 5개 자치구**

　맨해튼(Manhattan)에는 87.0㎢ 면적에 2020년 기준으로 1,694,251명이 거주한다. 맨해튼은 '활을 얻는 곳'이란 뜻이다. 맨해튼은 뉴욕 경제 중심지다. 고층 빌딩이 늘어서 있다. 맨해튼은 로어, 미드타운, 어퍼 맨해튼으로 구획된다. 맨해튼 중심에 센트럴 파크가 있다. 로어 맨해튼에는 월 스트리트가 위치해 있다. 세계 무역 센터가 있다. 미드타운 맨해튼은 고층빌딩 군락이 밀집해 있는 중심 업무 지구다. 타임스퀘어, 뉴욕타임스, 시티그룹 센터, 뱅크 오브 아메리카 타워가 위치해 있다. 록펠러센터와 국제연합(UN)이 있다. 센트럴 파크의 북쪽은 할렘 지역이다. 배터리 파크가 맨해튼 남쪽에 있다. 페리 선착장이 옆에 있다.

그림 27 미국 뉴욕 맨해튼의 고층 빌딩 전경

뉴욕은 초고층 빌딩 도시다. 35m 이상의 건물이 7,000여 개다. 그 중 198m 이상이 95개다.그림 27 1913년에 울워스 빌딩을 지었다. 고딕 리바이벌 양식이다. 큼직하게 디자인된 장식이 멀리서도 보인다. 1930년에 크라이슬러 빌딩을 세웠다. 아르데코풍이다. 상단면이 위로 향해 가늘어지며 스틸 첨탑이 있다. 엠파이어 스테이트 빌딩은 1931년 완공했다. 높이 381m의 102층이다. 랜드마크 아르데코 마천루다. 엠파이어 스테이트(Empire State)는 뉴욕주의 별명이다.그림 28 1958년에 시그램 빌딩이 완공됐다. 인터내셔널 스타일이다. 1973년에 세계 무역 센터가 건축됐다. 수직 베어링과 프레임 튜브 공법이었다.

그림 28 **미국 뉴욕의 엠파이어 스테이트 빌딩**

그림 29 **미국 뉴욕의 센트럴 파크**

　1857-1876년 사이에 맨해튼에 도시공원 센트럴 파크가 조성됐다. 호수, 연못, 산책로, 스포츠 시설, 동물원, 자연 보호 구역, 야외극장이 있다. 공원 설계자 옴스테드가 초원을 군사 목적 대신 양떼가 있는 목초지로 사용하자고 했다. 1934년 우리에 있던 양은 옮겨졌다. 축제, 집회, 콘서트 장소로 사용됐다. 2000년 이후 초원이 복원되어 시민들의 공간인 쉽 메도우(Sheep Meadow)가 되었다.그림 29

그림 30 **미국 뉴욕 맨해튼의 록펠러 센터, 국제연합 본부, 고층 빌딩**

　미드타운 맨해튼에 있는 록펠러 센터는 19개의 상업용 건물로 구성된 복합 단지다. 1939년에 지었다. 1987년에 국립 사적지로 지정됐다. 건물에는 예술 작품이 많다. 시민들이 스케이트장을 찾고 크리스마스 트리를 점등한다. 국제연합 본부는 1952년에 개관했다. 이스트강이 내려다 보이는 미드타운 맨해튼에 있다. 총회와 안전보장이사회를 포함한 유엔의 주요 기관이 있다.그림 30

그림 31 **미국 뉴욕 맨해튼 세계 무역 센터와 원 월드 트레이드 센터**

　뉴욕은 2001년 「9·11 테러」를 당했다. 세계 무역 센터, 펜타곤, 주변 지역에서 희생된 사람은 2,977명이었다. 2006-2014년 기간에 센터를 복구해 원 월드 트레이드 센터와 기념관 등을 세웠다. 신축한 센터는 541m 높이의 94층 건물이다.그림 31

그림 32 **미국 뉴욕 맨해튼의 배터리 파크와 금융 지구**

맨해튼 남부에 배터리 파크가 있다. 1823년에 포병 군사 지역이었다. 1970년대 중반 이후 배터리 파크 주변 지역을 매립하여 국제적인 업무기능과 주거기능 지역으로 조성했다. 배터리 파크, 세계 금융 센터, 세계 무역 센터, 친환경 초고층 아파트, 상업 단지가 들어섰다.그림 32

그림 33 **미국 뉴욕 브루클린의 「군인과 선원의 아치」와 퀸즈의 JFK 국제공항**

브루클린(Brooklyn)에는 250㎢ 면적에 2020년 기준으로 2,736,074명이 산다. 브루클린 지명은 네덜란드 마을 이름에서 유래했다. 1898년까지 독립시(市)였다. 그랜드 아미 플라자에 1892년 지은 「군인과 선원의 아치」가 있다. 1861-1865년 남북전쟁의 연방 수호자에게 헌정된 기념비다.그림 33 1870년대에 브루클린의 해안선과 코니 아일랜드에 유원지가 조성됐다.

퀸스(Queens)에는 460㎢ 면적에 2020년 기준으로 2,405,464명이 거주한다. 1635년 네덜란드가 정착지를 세웠다. 퀸스 명칭은 영국 여왕과 포르투갈 왕비를 일컬어 명명되었다. 퀸스에는 다양한 민족이 산다. 2009년 문을 연 뉴욕 메츠의 홈구장 씨티 필드가 있다. 메이저 리그 야구장이다. 씨티 필

그림 34 **미국 뉴욕 브롱크스의 양키 스타디움과 퀸즈의 메츠 씨티 필드**

드 명칭은 금융기관 씨티그룹이 구입해서 붙인 명칭이다.그림 34 1948년 뉴욕 국제공항이 퀸스에서 개항했다. 1963년 케네디 대통령이 암살된 이후 그를 기리기 위해 공항 이름을 존 F 케네디 국제공항으로 바꿨다. 퀸스에는 1939년 개항한 라과디아 공항도 있다. 공항 명칭은 뉴욕 시장의 이름을 따서 지었다.그림 33 북서부에 위치한 애스토리아, 롱 아일랜드는 주거와 상업 지역이다.

　브롱크스(The Bronx)에는 150㎢ 면적에 2020년 기준으로 1,472,654명이 산다. 지명은 1639년 페로 제도 태생의 뉴 네덜란드 정착민 요나스 브롱크에서 유래했다. 뉴욕 양키스의 본거지 양키 스타디움이 있다. 1923년 베이브 루스가 활약했던 원래의 양키 경기장을 확장하여 2009년에 다시 지었다.그림 34 브롱크스는 미국 본토와 연결된다. 1899년 문을 연 브롱크스 동물원에는 2010년 기준으로 4,000마리 이상의 동물이 있다. 1973년 브롱크스에서 힙합(hip hop)과 랩(rap) 문화가 시작되었다.

스태튼 아일랜드(Staten Island)에는 265㎢ 면적에 2020년 기준으로 495,747명이 거주한다. 스태튼 아일랜드는 '뉴욕만에 접한 섬'이란 뜻이다. 브루클린과 1964년 개통된 베라자노 내로우즈 다리로 연결되어 있다. 맨해튼과 스태튼 아일랜드는 페리로 이어진다. 스태튼 아일랜드 페리로 자유의 여신상, 엘리스섬, 로어 맨해튼을 관찰할 수 있다. 자유의 여신상은 뉴욕 항구 리버티 섬에 있다. 신고전주의 양식이다. 1886년 프랑스가 미국에게 선물했다. 금속 골격은 에펠이 제작했다. 1976년 뉴욕시 랜드마크로, 1984년 유네스코 세계유산으로 등재됐다.그림 35 1984년에 스태튼 아일랜드에 11㎢의 그린벨트를 설치해 도시공원을 조성했다. 스태튼 아일랜드에는 워킹 트레일과 해변 산책로기 있다.

그림 35 **미국 뉴욕 항구 리버티섬의 자유의 여신상과 맨해튼**

경제와 문화 활동

뉴욕의 미드타운 맨해튼과 로어 맨해튼은 세계적 중심 업무 지구다.그림 36 뉴욕에는 세계적인 법률, 은행, 경영 컨설팅, 보험, 건강 관리, 광고, 패션, 건축, 디자인, 소프트웨어 등의 기업이 입지해 있다. 버라이즌 커뮤니케이션즈(통신), JP모건(은행), 씨티(은행), 골드만 삭스(은행), 아메리칸 익스프레스(금융), 메트라이프(보험), 아메리칸 인터내셔널(보험), 화이자(의약품), 20세기 폭스(오락), 콜게이트(가정용품), 옴니콤(광고, 마케팅) 등이 있다. IBM(정보)과 펩시(식품)는 뉴욕시 북쪽 뉴욕 웨스트체스터 카운티에 있다.

그림 36 **미국 뉴욕 맨해튼 중심 업무 지구**

그림 37 **미국 뉴욕 맨해튼의 뉴욕 증권 거래소와 나스닥**

　New York Stock Exchange(뉴욕 증권 거래소, NYSE)는 1792년 창립됐다. 로어 맨해튼 금융 지구 월 가(街)(Wall Street)에 있다. 2018년 상장 기업 시가 총액 기준으로 세계 최대다. 「전미 증권 딜러 협회 자동 호가」는 1971년에 세웠다. National Association of Securities Dealers Automated Quotations Stock Market로 표기하며 줄여서 Nasdaq이라 한다. 뉴욕 증권 거래소에 이어 시가 총액 기준 세계 2위다.그림 37

　뉴욕에서 많은 문화 운동이 일어났다. 할렘 르네상스는 아프리카계 미국인의 문학 활동 무대였다. 1940년대에 뉴욕 재즈가 연주됐다. 1950년대는 추상 표현주의 중심지였다. 1970년대에 힙합과 랩이 시작됐다. 1979년 개

봉한 로맨틱 코메디 영화『맨해튼 *Manhattan*』은 아방가르드 영화로 평가받았다.

뉴욕은 세계적 미디어, 광고, 음악, 신문, 출판 산업의 중심지다. 전국적일간지 뉴욕 타임스와 월 스트리트 저널이 발행된다. TV 산업은 뉴욕에서 발전했다. 뉴욕에는 CBS, ABC, NBC, FOX 방송 네트워크가 있다. HBO, MTV 등 다수의 케이블 채널이 있다.

뉴욕에는 2,000개 이상의 예술 문화 단체와 500개 이상의 아트 갤러리가 있다. 1891년에 미드타운 맨해튼에 음악 공연장 카네기 홀이 들어섰다. 1870년에 메트로폴리탄 미술 박물관(The Met)이 개관했다. 이곳에는 전 시대에 걸친 2,000,000점의 작품이 소장되어 있다.그림 38 링컨 공연 예술 센터는 1955-1969년 기간에 세웠다. 맨해튼 링컨 스퀘어에 있다. 30개의 실내외 시

그림 38 **미국 뉴욕 맨해튼의 메트로폴리탄 미술 박물관**

그림 39 **미국 뉴욕 링컨 공연 예술 센터와 줄리어드 학교 로고**
주: 코흐 극장(좌), 메트로폴리탄 오페라 하우스(정면), 게펜 홀(우)

설이 있는 복합 예술 공간이다. 뉴욕 필하모닉, 메트로폴리탄 오페라, 뉴욕 시티 발레단, 줄리어드 학교, 재즈 앳 링컨 센터 등이 소재해 있다. 줄리어드 학교(Juilliard School)는 뉴욕시 사립 공연 예술 음악원이다. 1905년에 설립됐다. 무용, 드라마, 음악 분야의 학부와 대학원생을 교육한다.그림 39

　뉴욕시 브로드웨이(Broadway)는 남북 도로와 그 주변 지역을 일컫는 지명이다. 네덜란드령 뉴암스테르담 때부터 주요 도로였다. 영국이 통치할 때 넓은 길에 주목해 Broadway(넓은 길)라 불렀다. 1880년대에 브로드웨이와 42번가 극장에서 새로운 연극이 상연됐다. 이것이 브로드웨이 뮤지컬로 발전했다. 브로드웨이 연극(Broadway Theatre)은 맨해튼 씨어터 디스트릭트에서 상연되는 연극 공연을 말한다. 브로드웨이 연극 외에 오프브로드웨이, 오프오프브로드웨이가 있다. 1957년 뮤지컬『웨스트 사이드 스토리』가 상연

그림 40 **미국 뉴욕 맨해튼의 브로드웨이 극장**

됐다.그림 40

　브로드웨이에 있는 타임스퀘어(Times Square)는 「세계의 교차로」라 불린
다. 타임스퀘어는 세븐스 에비뉴와 브로드웨이가 교차하는 상업 교차로다.
웨스트 42번가와 웨스트 7번가가 세븐스 애비뉴에서 만난다. 타임스퀘어는
인접한 더피 스퀘어와 함께 나비 넥타이 모양의 공간을 이룬다. 이곳은 「롱
에이커 스퀘어」라 불렀다. 1904년 4월『뉴욕 타임즈』의 본사가 이곳에 들어
서면서 지명이 타임스퀘어라고 바뀌었다. 뉴욕 타임즈 본사가 있는 마천루
를 「원 타임스퀘어」라고 일컫는다. 111m의 높이의 25층 건물이다. 원 타임
스퀘어에서 새해 전야제 때 볼드랍(balldrop) 행사가 열린다.『뉴욕 타임즈』는
2007년 뉴욕 타임즈 빌딩을 새로 지어 옮겼다. 새 빌딩은 맨해튼 미드타운
서쪽 40번가와 41번가 사이에 있다. 318.8m 높이의 52층 빌딩이다.그림 41

그림 41 **미국 뉴욕 맨해튼의 타임스퀘어**

그림 42 미국 펜실베이니아 필라델피아와 슈일킬강

04 북동부 도시

미국 인구 조사국에서는 북동부 지역을 뉴욕, 뉴저지, 뉴햄프셔, 로드 아일랜드, 매사추세츠, 메인, 버몬트, 코네티컷, 펜실베이니아의 9개주로 정의한다. 북동부 도시에는 뉴어크, 뉴욕, 버팔로, 보스턴, 저지시티, 피츠버그, 필라델피아 등이 있다. 여기에서는 필라델피아와 보스턴을 살펴보기로 한다.

필라델피아

필라델피아(Philadelphia) 시는 369.59㎢ 면적에 2020년 기준으로 1,603,797명이 산다. 필라델피아 대도시권 인구는 6,245,051명이다. 슈일킬강이 흐른다. 1850년대에 도시와 카운티가 통합되었다. 필라델피아는 줄여서 필리(Philly)라 부른다. '우애(Brotherly Love)의 도시'라는 뜻이다. 우정을 뜻하는 그리스어「필로스」와 형제를 의미하는 「아델포스」에서 유래했다.그림 42

　1682년 영국 퀘이커 교도인 윌리엄 펜에 의해 설립됐다. 1774년 제1차 대륙회의를 개최했다. 독립 전쟁의 저먼타운 전투와 미플린 요새 포위 공격이 진행된 도시다. 1787년 필라델피아 회의에서 미국 헌법이 비준되었다. 1790년부터 10년간 미국의 수도였다. 아일랜드, 독일, 이탈리아 이민자가 많다.

윌리엄 펜이 도착한 곳이라고 여겨지는 펜스 랜딩에는 강변 공원이 조성되어 있다. 필라델피아에서 미해병대, 도서관(1731), 대학병원(1751), 첫 대륙회의 장소인 카펜터스 홀(1774), 증권거래소(1790), 동물원(1874), 경영 대학원 와튼 스쿨(1881)이 시작되었다. 펜실베니아 대학교의 와튼 스쿨은 1881년 조지프 와튼(Wharton)의 기부로 설립된 비즈니스 스쿨이다. 필라델피아에는 세계유산인 독립 기념관을 포함해 67개의 국립 사적지가 있다. 2015년 필라델피아는 세계유산도시기구에 등재됐다. 자유의 종(Liberty Bell)은 독립기념관에 있던 종이다. 1752년에 제작됐다. '온 땅 위의 모든 사람에게 자유를 선포하라(성경 레위기)'가 새겨져 주조됐다. 필라델피아에 도착한 후 금이 갔다. 19세기 초에 크게 균열됐다. 2003년 자유의 종 센터로 옮겨졌다.그림 43

필라델피아에는 제조업, 상업, 금융업, 무역업, 통신업, 출판업이 발달했다. 나스닥이 소유한 필라델피아 증권거래소가 있다. 필라델피아와 델라웨어

그림 43 **미국 필라델피아 자유의 종과 독립 기념관**

밸리는 생명공학과 벤처 캐피털의 허브다. 전통 있는 공원, 극장, 교회, 교육기관, 자선시설 등이 있디. 야외 조각품과 벽화 예술 작품이 많다. 필라델피아 미술관 앞 계단은 영화『록키』의 주인공이 만세 포즈를 취했던 장소다.

보스턴

보스턴 시(City of Boston)는 매사추세츠주의 주도다. 「뉴잉글랜드의 수도」라는 별칭이 있다. 보스턴 만에 연해 있는 항구다. 232.10㎢ 면적에 2020년 기준으로 675,647명이 거주한다. 보스턴 광역권 인구는 4,941,632명이다.그림 44 플리머스는 1620년 메이플라워호 순례자들이 세운 뉴잉글랜드 최초의 정착지다. 1630년 영국의 청교도들이 면적 3.19㎢인 쇼무트(Shawmut) 반도에 식민 정착지를 세웠다. 이곳이 구(舊)보스턴이다. 1770년 보스턴 학살, 1773년 보스턴 차 사건이 터지면서 영국으로부터 독립하는 전쟁의 무대가 되었다. 1775년 벙커 힐 전투와 1775-1776년 기간의 보스턴 포위전이 보스턴과 주변 지역에서 전개됐다. 1776년 미국은 독립을 선언했다. 보스턴은 미국 혁명 발생지로 「자유의 요람」이라고 불렸다. 보스턴은 공원(1634), 공립 학교(1635), 공공 도서관(1848), 지하철(1897)이 시작된 도시다.

그림 44 **미국의 항구 도시 보스턴과 보스턴 만**

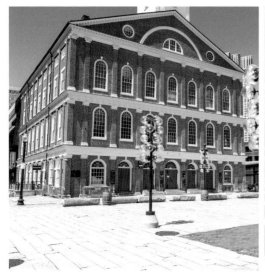

그림 45 **미국 보스턴 퍼네일 홀의 외관과 내부**

퍼네일(Faneuil) 홀은 1742년 문을 연 회의장이다. 대영제국으로부터의 독립을 외쳤던 장소였다. 보스턴 국립 역사 공원의 일부다. 정치적 행사가 열린다.그림 45 미국 북동부의 WASP(White-Anglo-Saxon-Protestant)가 미국의 기틀을 구축하고 발전시켰다는 해석이 있다.

독립 이후 보스턴은 항구 도시로, 제조업 중심지로 성장했다. 주요 경제 활동은 연구, 생명공학, 정보 기술, 엔지니어링, 금융, 비즈니스, 무역 등에서 이뤄진다. 보스턴 인근 매사추세츠 케임브리지에 1636년 개교한 하버드 대와 1861년 문을 연 MIT가 있다.그림 46 켄달 스퀘어는 매사추세츠 케임브리지의 메인 스트리트와 브로드웨이가 교차하는 곳에 있는 광장이다. 2010년 이후 광장 주변에 스타트업 창업이 집중되고 혁신의 질이 높아지면서 「지구상에서 가장 혁신적인 평방 마일」이라고 불렸다. 초월주의자 소로는 1954년 『월든 언못 *Walden* 』을 냈나. 삭품의 무내는 보스턴 인근 월는 연못 주변이다. 오두막 집을 짓고 살면서 자연 환경과 영적 경험을 담았다.

그림 46 **미국 보스턴 인근 매사추세츠 케임브리지의 하버드대와 MIT**

그림 47 미국의 시카고와 미시간 호수

05 중서부 도시

중서부는 애팔래치아산맥과 로키산맥 사이의 넓은 내륙 평야에 놓여 있다. 1984년까지 미국 인구 조사국은 중서부를 북중부로 명명했다. 중서부는 미네소타, 미시간, 아이오와, 오하이오, 위스콘신, 인디애나, 일리노이, 캔자스 등 12개 주다. 중서부 도시에는 디트로이트, 미니애폴리스-세인트폴, 밀워키, 세인트루이스, 시카고, 신시내티, 오마하, 위치타, 인디애나폴리스, 캔자스시티, 콜럼버스, 클리블랜드 등이 있다. 여기에서는 시카고, 디트로이트, 미니애폴리스-세인트폴을 살펴보기로 한다.

시카고

시카고 시는 일리노이 미시간 호수 서쪽에 있는 도시다. 607.44㎢ 면적에 2020년 기준으로 2,746,388명이 거주한다. 시카고 대도시권 인구는 9,618,502명이다. 시카고는 미시간 호수를 따라 남북으로 길게 뻗어 있다. 시카고 도로는 서쪽의 우드 스트리트, 남쪽의 22번가, 북쪽의 노스 애비뉴로 구성되어 있다. 동쪽은 미시간 호수다.그림 47

아메리카 원주민 단어인 시카와카(shikaakwa)에서 시카고 지명이 유래했다. '야생 양파, 야생 마늘'이란 뜻이다. 1600년대 프랑스 탐험가들이 이 일대를 세카고우(Checagou), 시카고우(chicagoua)라 불렀다.

18세기 중반 포타와토미 부족이 이곳에 거주했다. 1780년대에 비원주민이 들어와 정착지를 세웠다. 1795년 미국과 원주민 간에 전쟁이 벌어졌다. 원주민은 그린빌 조약으로 시카고를 미국에 할양했다. 1812년 또다시 전쟁이 진행됐다. 1816년 오타와, 오지브와, 포타와토미 부족은 세인트루이스 조약으로 추가 토지를 미국에 양도했다. 1833년 포타와토미 부족은 미시시피강 서쪽으로 밀려났다. 1833년을 시카고 창립의 시작이라고 설명한다.

1837년 시카고는 시로 승격됐다. 시카고는 지리적으로 동부와 서부를 잇는 교통 허브가 되었다. 미시간 운하는 오대호와 미시시피강을 연결시켜 주었다. 시카고는 육로와 수운(水運) 교역지로 발전하게 되었다. 경제가 살아나면서 농촌과 해외 이민자들이 시카고로 몰렸다.

1871년 시카고에 대화재가 발생했다. 목조 건물 대다수가 소실되었다. 그러나 소방 시설이 있는 워터 타워는 존속했다. 1885년부터 화재에 강한 철골과 석조 건물이 들어섰다. 도심도 바둑판 모양으로 재정비됐다. 시카고에는 신고전주의 고층 건물부터 포스트모던 유리 궁전까지 다양한 건축물이 등장했다. 1851-1920년 기간에 시카고의 시역은 크게 확장됐다. 1919-1933년 사이에는 금주법이 시행되면서 사회적 혼란을 겪었다. 1933-1934년에는 세계 박람회를 열어, 시카고 창립 100주년을 기념했다. 제2차 세계 대전 기간에는 철강을 대량 생산하는 도시가 되었다. 1942년 시카고대에서 제어 핵반응을 수행했다. 이는 1945년 원폭 투하의 핵전쟁으로 이어졌다. 1956년 시카고는 시역을 더욱 확장했다.

미국 대륙 중앙에 입지한 시카고는 복합적 도시 기능을 가진 대도시다. 시

그림 48 **미국 시카고의 제인 번 인터체인지**

카고의 교통 결절 기능이 시카고의 도시 기능을 뒷받침해 준다. 시카고 오
헤어 국제공항은 승객이 많은 세계적 공항이다. 시카고는 미국 철도 교통의
허브다. 1950년대 후반부터 댄 라이언, 케네디, 아이젠하워 고속도로 등이
시내를 통과하는 서클 인터체인지가 개발됐다. 교통 체증이 개선됐다. 2014
년 제인 번 고속도로가 선을 보였다.그림 48 시카고강과 미시간 호수에는 수
상 택시가 운행된다.

　시카고의 대도시 총생산은 미국에서 세 번째다. 시카고 연방준비은행, 시
카고 상품 거래소, 시카고 무역 위원회가 있다. 대형 컨벤션 센터가 있어 국
내외 대형 회의 행사가 시카고에서 이뤄진다. 1888년 설립한 의료업의 애보
트(Abbott) 연구소가 시카고에 있다. 1940년 캘리포니아에서 시작한 식품업
맥도날드는 본사를 2018년 시카고로 옮겼다.

　시카고 다운타운 한 구역은 루프(Loop)로 불린다. 시카고와 인근 지역을

그림 49 **미국 시카고의 중심 업무 지구**

운행하는 기차가 고리처럼 생긴 지상 철로 위로 가서 붙인 이름이다. 4.09㎢ 면적에 2020년 기준으로 42,298명이 거주한다. 시카고의 중심 업무 지구다. 글로벌 기업과 상업 시설이 있다. 시청, 정부 기관, 외국 영사관 등이 위치했다.그림 49

대화재 이후 시카고에는 고층 빌딩이 대거 들어섰다. 이런 연유로 시카고는 「마천루 건축물의 박물관」이라 불린다. 마리나 시티, 윌리스 타워, 존 헨콕 센터, 에이온 센터 등이 있다.

존 핸콕(John Hancock) 센터는 1969년에 344m 높이의 100층 빌딩으로 지었다. 오피스, 콘도미니엄 등이 있다. 건물명은 미국 건국의 공로자 John Hancock의 이름을 따서 지었다. 2018년에 「875 North Michigan Avenue」로 이름을 바꿨다. 윌리스(Willis) 타워는 1973년에 442.3m 높이의 108

그림 50 **미국 시카고의 존 핸콕 센터, 윌리스 타워, 에이온 센터**

층으로 올린 마천루다. 항공사, 법률회사, 증권사 등의 사무실이 있다. 1974-1994년까지 소매 회사 시어즈(Sears)의 본사로 사용되었다. 2009년 건물 명칭이 「윌리스」로 변경됐다. 에이온(Aon) 센터는 1973년에 346m 높이의 83층 빌딩으로 건설됐다. 오피스 빌딩이다. 한때 아모코 빌딩, 스탠다드 오일 빌딩이라 불렸다.그림 50

마리나(Marina) 시티는 옥수수 빌딩이라 칭한다. 1968년에 179m 높이의 65층 건물로 문을 열었다. 주상 복합 건물이다. 루프 건너편 시카고강 북쪽 제방의 스테이트 스트리트에 있다. 2016년 단지의 일부가 시카고 랜드마크로 지정되었다.그림 51

시카고에서는 다양한 문화 분야가 활성화되어 있다. 제1차 세계 대전 이후 시카고는 뉴올리언스와 함께 재즈의 요람으로 성장했다. 시카고 스타일의 딕시랜드 재즈, 블루스, 하우스 음악이 연주됐다. 1891년에 설립한 시카

그림 51 **미국 시카고의 마리나 시티와 위, 아래 클로즈업**

고 심포니 오케스트라와 1929년 문을 연 시빅(Civic) 오페라 하우스가 있다. 1851년에 노스웨스턴대학교가, 1859년에 시카고 일리노이대학교가, 1890년에 시카고대학교가 개교했다.

시카고는 1837년부터 '정원의 도시'를 뜻하는 라틴어「Urbs in Horto」라는 모토를 표방했다. 시카고에는 570개 이상의 공원, 31개의 모래 해변, 50개의 자연 구역이 있다. 시카고의 풍부한 녹지 공원은 숲, 초원, 습지, 개울, 호수를 포함한 열린 공간을 만들어 준다.

링컨 공원(Lincoln Park)은 1843년부터 미시간 호수 옆에 소성냈다. 길이 11km, 면적 490ha의 공공 도시공원이다. 공원의 명칭은 미국 대통령 에이브러햄 링컨의 이름을 따서 지었다. 레크리에이션 시설로는 야구, 농구, 축구, 골프 등 각종 경기장이 있다. 보트 시설이 있는 여러 항구와 수영을 할 수 있는 공공 해변이 있다. 정원, 공공 예술 시설, 역사 박물관 등이 있다. 호수 위의 극장에서는 여름에 야외 공연이 열린다.그림 52

그림 52 **미국 시카고의 링컨 공원**

그랜트 공원(Grant Park)은「시카고의 앞마당」이라 불린다. 루프 커뮤니티 지구에 있는 도시공원이다. 1993년에 조성됐다. 면적은 1.29㎢다. 밀레니엄 파크, 시카고 아트 인스티튜트, 시카고 레이크프론트 트레일 등이 있다. 에이브러햄 링컨, 콜럼버스, 로건 기념비도 있다. 밀레니엄 파크는 2004년에 문을 열었다. 밀레니엄 파크에 스테인리스 조각품 클라우드 게이트가 있다. 2006년에 제작됐다. 콩 모양처럼 생겨 더 빈(The Bean)이라 불린다.그림 53 1998년에 조성된 박물관 캠퍼스에는 애들러 천문관, 셰드 수족관, 필드 자연사 박물관 등이 있다.

그림 53 **미국 시카고의 그랜트 공원과 밀레니엄 파크의 더 빈**

그림 54 **미국 시카고의 네이비 피어**

  네이비 피어(Navy Pier)는 미시간 호수 해안선에 있는 1,010m 길이의 부두다. 1916년부터 20ha 면적에 공원, 관람차, 전시 시설을 만들었다.그림 54 매그니피션트 마일은 매그 마일(Mag Mile)이라고도 한다. 1983년에 완공됐다. 루프 비즈니스 지구와 골드 코스트 사이의 주요 도로다. 은행, 박물관, 호텔 등이 있다. 매그니피션트 마일에는 1925년에 지은 트리분 타워, 시카고 워터 타워, 앨러튼, 드레이크, 디어본 요새 등의 시카고 랜드마크가 위치해 있다.

1869년에 시카고 워터 타워가 건설됐다. 1871년 시카고 대화재 때 타지 않고 남았다. 워터 타워는 펌핑 스테이션, 98번 소방서와 함께 1971년 시카고 랜드마크로 지정됐다.그림 55

스테이트 스트리트는 시카고의 주요 남북 거리다. 매디슨 스트리트와의 교차점은 1909년 이래로 시카고 주소 시스템의 기준점이다. 스테이트 스트리트는 1900년대 이래 쇼핑 거리다. 시카고 대주교의 저택, 시카고 극장, 유니버시티 센터, 스테이트 스트리트 빌리지, 로버츠 템플 하나님의 교회 등의 시카고 랜드마크 도시구조물이 있다.

그림 55 **미국 시카고의 워터 타워**

디트로이트

디트로이트 시(City of Detroit)는 미시간의 최대 도시다. 370.09㎢ 면적에 2020년 기준으로 639,111명이 거주한다. 디트로이트 대도시권의 인구는 4,365,205명이다.그림 56

    디트로이트 강은 휴런 호수와 이리 호수를 연결한다. 프랑스어에서 두 개의 호수를 연결하는 좁은 물길을 '해협'이란 뜻의 détroit로 나타낸다. Détroit는 프랑스어로 「데트루아」, 「데트후아」로 발음된다. 디트로이트 (Detroit)는 프랑스 단어 détroit에서 유래해 음차(音借)한 말이다.

    디트로이트는 1701년 프랑스인 캐딜락(Cadillac)에 의해 건립되었다. 그의 이름에서 고급 자동차 캐딜락이 유래됐다. 디트로이트강의 수운을 활용해 물자의 집산지로 발돋움했다. 1760년에는 영국군이 점령했으나 1783년에 미국령으로 바뀌었다. 1805년 화재로 목조 건물이 소실되었다. 디트로이트

그림 56 **미국 디트로이트의 다운타운**

그림 57 **미국 디트로이트의 제너럴 모터스 본사**

는 수륙교통이 발달하면서 5대호 연안의 공업도시로 급성장했다. 제너럴 모터스(1908), 포드(1903), 크라이슬러(1925) 3대 자동차 회사가 디트로이트를 기반으로 설립됐다. 디트로이트는 자동차 산업의 세계적 중심도시로 자리잡았다. 도시의 별칭이 Motor City 혹은 Motown이라 불렸다. 1959년 세인트로렌스 수로가 개통됐다. 디트로이트는 대서양과 오대호를 잇는 국제 항구로 성장했다. 디트로이트와 캐나다 온타리오 윈저시는 앰배서더 다리와 디트로이트-윈저 해저 터널로 연결됐다. 자동차를 위시한 산업 종사자들이 늘면서 디트로이트 인구는 1950년에 1,800,000명으로 정점을 찍었다.

1970년대의 오일 쇼크와 해외 자동차와의 경쟁으로 자동차 산입이 축소되면서 2000년에는 인구가 951,270명으로 줄었다. 교외화(郊外化)로 중심도시 인구가 대거 교외지역으로 이주했다. 디트로이트는 중심도시와 교외지역이 각각 독자적으로 재정을 운용하면서 중심도시 재정이 크게 악화됐다. 급기야 디트로이트는 2013년 7월 18일부터 2014년 12월 11일까지 파산을 겪었다. 디트로이트는 다운타운과 미드타운에서 젠트리피케이션을 진행하면서 도시의 활력을 찾았다. 자동차를 비롯해 로봇, 대체 에너지 산업을 확충하고 있다. 파산을 겪으면서 주택, 사무실, 공장 등의 임대와 구매 비용이 저렴해졌다. 2018년 포드는 미시간 중앙역을 자율 주행차 연구소로 활용하겠다고 했다.

제너럴 모터스(General Motors)는 1908년에 설립됐다. 디트로이트에 본사가 있다. 2007년까지 세계 최대 자동차 제조사였다. 자동차 브랜드는 쉐보레(Chevrolet), 뷔익(Buick), GMC, 캐딜락(Cadillac)이 있다. 자율 주행 자동차를 개발하고 있다.그림 57

포드 자동차(Ford Motor)는 1903년 헨리 포드가 세웠다. 미시간 디트로이트 서쪽 디어본에 본사가 있다. 자동차 브랜드는 포드(Ford), 링컨(Lincoln), 트롤러(Troller)가 있다. 포드는 1914년 대규모의 자동차 제조와 인력 관리를 뜻하는 포디즘(Fordism) 패러다임을 제시했다.그림 58

크라이슬러(Chrysler)는 2021년 스텔란티스(Stellantis) 자회사로 바뀌었다. 월터 크라이슬러가 1925년에 창립했다. 미시간 디트로이트 북서쪽 오번 힐스에 본부와 기술 센터가 있다. 디트로이트 금융 지구에 경영진 사무실인 크라이슬러 하우스가 있다. 크라이슬러 브랜드는 피아트 크라이슬러(Fiat Chrysler)로 표기한다. 피아트 크라이슬러 브랜드는 크라이슬러, 피아트, 도지(Dodge), 지프(Jeep), 마세라티(Maserati) 등이 있다.

2017년 기준으로 차량 생산량이 많은 회사는 도요타(10,466,051대), 폭스바겐(10,382,334대), 현대(7,218,391대), 제너럴 모터스(6,856,880대), 포드(6,386,818대)다.

디트로이트는 1950년대 이후 다양한 대중 음악으로 미국과 세계 문화에 영향을 미쳤다. 1958년 베리 고디 주니어가 디트로이트에 모타운(Motown) 레코드를 세웠다. 디트로이트를 상징하는 모터와 타운의 합성어다. 모타운은 1972년 캘리포니아 로스앤젤레스로 옮겼다. 모타운 본부는 1985년 모타운 역사 박물관이 됐다. 스티비 원더, 슈프림스, 아레사 프랭클린, 마이클 잭슨 등이 활동했다. 2015년 디트로이트는 유네스코 디자인 도시로 선정되었다.

그림 58 **미국 디트로이트 서쪽 디어본의 포드 본사**

미니애폴리스 세인트 폴

미니애폴리스-세인트폴 시(City of Minneapolis-Saint Paul)는 미네소타에 있는 쌍둥이 도시(Twin Cities)다. 미니애폴리스에는 148.94㎢ 면적에 2020년 기준으로 429,954명이 산다. 세인트폴에는 145.31㎢ 면적에 2020년 기준으로 311,527명이 거주한다. 미니애폴리스-세인트폴 대도시 지역은 중심도시인 쌍둥이 도시 미니애폴리스-세인트폴과 주변 카운티로 구성되어 있다. 주변 21개 카운티를 합친 최대 대도시권 인구는 2020년 기준으로 4,078,788명이다. 미니애폴리스는 미시시피강의 서쪽에 있다. 주거, 상업, 금융 기능이 주다. 세인트 폴은 미시시피강의 동쪽에 위치했다. 미네소타 주 정부, 주 의사당의 행정 기능이 있다.

미니애폴리스는 다코타어 '폭포'라는 뜻의 미네하하(minnehaha)와 그리스어 '도시'라는 뜻의 polis를 합친 단어다. 세인트 폴은 성(聖) 바울(Paul)을 뜻한다.

미네소타에서는 수백만 년에 걸쳐 물과 얼음의 빙하 활동이 진행됐다. 빙하가 후퇴한 후 미네소타 땅은 사암층과 석회암층으로 덮였다. 빙하의 영향으로 미네소타에는 호수, 숲, 언덕이 만들어 졌다. 미네소타는 물의 주(state of water)라는 별칭을 얻었다. 겨울은 몹시 춥고 눈이 많다.

미네소타의 유럽인 정착지는 1843년에 미네소타 스틸워터 마을 근처에 세워졌다. 세인트폴에서 30km 떨어져 있다. 1849년에 미니애폴리스에 정착이 시작됐고 미니애폴리스는 1867년에 시(市)가 됐다. 1854년에 세인트폴이 만들어졌다. 쌍둥이 도시는 곡물과 여객 운송으로 발전했다. 1915년에 세인트폴 대성당이, 1926년에 미니애폴리스 세인트 메리 대성당이 완성됐다.

그림 59 **미국 미네소타 미니애폴리스의 다운타운**

1961년 이후 쌍둥이 도시는 협력하며 성장했다. 1980년대 이후 쌍둥이 도시는 서비스, 첨단 기술, 금융, 정보 경제로 전환했다.

1950년대 이후 미니애폴리스 다운타운 개발이 이뤄졌다. 니콜레트 몰의 백화점과 헤네핀 애비뉴의 엔터테인먼트 구역이 조성됐다. 중심지에는 타깃, US Bancorp, 오케스트라 홀, IDS 센터, 웨스트민스터 장로교회, 웰스파고 센터 등이 들어서 있다.그림 59

미니애폴리스는 금융업 US Bancorp(1863), 식품 가공업 제너럴 밀스(1866)와 필스버리(1869), 소매업 타깃(Target, 1902)의 발상지다. 2001년 제너럴 밀스는 필스버리를 인수했다. 타깃은 미국 전역에 소재한 소매업 종합유통 체인이다. 1990년 미니애폴리스에 다목적 행사장 타깃 센터를 세웠다.그림 60

세인트폴은 미네소타 주도다. 1896-1905년 기간에 주 의사당 청사가, 1932년 세인트폴 시청과 램지 카운티 법원이 세워졌다. 1988년에 103.63m

높이의 34층 콘도미니엄 포인트오브 세이트폴이 건축됐다. 세인트폴 중심지에는 트래블러스 빌딩, 랜드마크 타워, 퍼스트 내셔널 은행, 켈로그 스퀘어 아파트 등이 있다.

미네소타대학교는 1851년에 설립됐다. 대학 안에 미시시피강이 흘러 이스트 뱅크와 웨스트 뱅크 캠퍼스로 나뉘어 있다. 미니애폴리스는 1950년 빌리 그레이엄(Billy Graham) 복음주의 운동이 시작된 곳이다.

그림 60 **미국 미네소타 미니애폴리스의 타깃 본부와 타깃 센터**

그림 61 미국 휴스턴의 다운타운과 메디컬 센터 스카이 라인

06 남부 도시

미국 남부는 남부, 남부 주, 사우스 랜드라고도 한다. 미국 인구 조사국은 미국 남부를 플로리다, 조지아, 메릴랜드, 노스캐롤라이나, 텍사스, 버지니아, 웨스트버지니아 등의 16개 주로 정의한다. 연방 지구인 컬럼비아 특별구도 다룬다.

남부 도시에는 내슈빌, 댈러스, 롤리, 루이빌, 마이애미, 멤피스, 버지니아 비치, 볼티모어, 샌 안토니오, 샬럿, 애틀랜타, 엘패소, 오스틴, 오클라호마시티, 워싱턴 D.C. 잭슨빌, 탬파, 털사, 포트워스, 휴스턴 등이 있다. 여기에서는 휴스턴, 댈러스와 포트워스, 애틀랜타, 샬럿, 마이애미를 살펴보기로 한다.

휴스턴

휴스턴 시(City of Houston)는 텍사스 걸프 연안 평야 지대에 입지해 있다. 걸프만과는 운하로 연결된다. 1,739.62㎢ 면적에 2020년 기준으로 2,304,580명이 산다. 휴스턴 대도시권 인구는 7,122,240명이다.그림 61

도시명은 멕시코로부터 텍사스의 독립을 쟁취한 샘 휴스턴(Houston) 장군

그림 62 **미국 휴스턴의 「린든 B. 존슨 우주 센터」와 훈련하는 닐 암스트롱**

의 이름을 따서 지었다. 그는 1836년 멕시코와의 샌잰신토 전투에서 승리했다. 휴스턴은 제1대(1836-1838)와 제3대(1861-1844) 텍사스 대통령, 텍사스 상원의원, 텍사스 주지사를 역임했다.

1836년 8월 도시 건설이 시작됐다. 도시 이름은 휴스턴으로 정했다. 1837년 주변 지역으로 도시가 확장됐다. 1836-1846년간 존속했던 텍사스 공화국의 임시 수도가 되었다. 1860년까지 휴스턴은 목화 수출 중심지였다. 갤버스턴과 보몬트 항구로 연결되었다. 1890년에 이르러 휴스턴은 텍사스의 철도 중심지로 성장했다. 1900년 갤버스턴이 허리케인의 피해를 입었다. 이를 계기로 휴스턴은 1914년 내륙 항구로 개항하게 되었다.

1901년 보몬트 인근 스핀들톱에서 유전이 발견됐다. 휴스턴은 석유 산업으로 발전했다. 제2차 세계 대전 중 석유 관련 산업과 운송으로 번성했다. 1958년 워싱턴 D.C.에 미국우주항공국(NASA)이 설립됐다. 1961년 NASA는 휴스턴에 「인간 우주 비행 센터」를 세웠다. 센터의 이름이 1973년에 「린든 B. 존슨 우주 센터」로 바뀌었다. 휴스턴은 우주 항공 산업 도시로 도약했다.그림 62 1945년 MD 앤더슨 재단이 텍사스 메디칼센터를 설립했다. 휴스턴은 보건 의료 도시로 성장했다. 휴스턴은 바이유(Bayou) 도시, 우주(Space) 도시, H 도시(H-Town)라는 별칭을 갖고 있다. H는 Houston의 첫 글자다.

휴스턴의 경제는 석유, 항공 우주, 의료 산업으로 대표된다. 플로리다 케이프 커내버럴 케네디 우주센터에서는 우주선 발사가 이뤄진다. 발사 이후의 궤도 진입, 미션 수행, 귀환까지의 모든 과정은 휴스턴 존슨 우주 센터에서 관리한다. 센터에서 인간 우주 비행 훈련, 연구, 비행 제어를 수행한다. 1969년 4월 아폴로 11호 우주비행사 닐 암스트롱과 버즈 올드린이 휴스턴에서 훈련했다.그림 62

그림 63 **미국 휴스턴의 BP Amrica와 Shell USA**

휴스턴에는 에너지 회랑(Energy Corridor)이 있는 세계 에너지 수도다. 2.4㎢ 면적에 105,000명이 근무한다. 휴스턴에는 BP America, Citgo, Cono-coPhillips, Nouryon, Shell USA 등 1,100개 석유 관련 기업이 있다.그림 63

1945년 문을 연 텍사스 메디컬 센터는 대규모의 의료단지다. 대학병원급의 21개 병원, 연구 센터, 교육기관 등 60개 이상의 의료 기관이 모여있다. 106,000명 이상의 의료 인력이 연간 10,000,000명 이상의 환자를 진료한다. 텍사스대학교 MD 앤더슨(Anderson) 암 센터는 1941년에 치료를 시작했다. 종양학과 관련된 암 치료와 연구를 수행한다. 암 센터의 이름은 은행가, 기업인 먼로 더너웨이 앤더슨(Anderson)의 이름을 따서 지었다.그림 64

휴스턴 도심에는 고층 빌딩이 많다. JP모건 체이스 타워는 1982년 상업 사무실로 지었다. 305.4m 높이 75층의 5면 빌딩이다. 1965년에 철거된 업타운 극장이 있던 자리였다. 윌리암스 타워(Williams Tower)는 64층 오피스 건

그림 64 **미국 휴스턴의 메디컬 타워와 MD 앤더슨 암 센터**

그림 65 **미국 휴스턴의 JP모건 체이스 타워, 윌리암스 타워, TC 에너지 센터**

물이다. 1981-1983년 기간에 건설했다.「남쪽의 엠파이어 스테이트 빌딩」
으로 불렸다. TC 에너지 센터는 1983년에 세운 포스트모던 건축이다.그림 65

1965년 실내 돔형 스포츠 경기장 아스트로돔을 개장했다. 2001년 태풍 앨
리슨의 피해를 입었다. 휴스턴은 2005년 허리케인 카트리나로 피난 온 뉴올
리언스 주민의 피난처가 되었다.

휴스턴은 성경 벨트의 개신교 기독교 중심지다. 2020년 기준으로 개신교
40%, 가톨릭 29%, 기타 기독교 3% 등 기독교가 72%다. 휴스턴 미술관은
1900년에 개관했다. 박물관의 영구 컬렉션은 6,000년 이상의 역사와 6개 대
륙과 관련된 70,000점의 작품이다. 2003년에 개관한 도심 수족관에는 200
종 이상의 수생 동물이 있다.

댈러스와 포트워스

댈러스(Dallas)는 999.2㎢ 면적에 2020년 기준으로 1,304,379명이 거주한
다.그림 66 댈러스에서 알링턴(Arlington)을 지나면 서쪽에 포트워스(Forth Worth)
가 있다. 알링턴은 257.54㎢ 면적에 2020년 기준으로 394,266명이 산다.
포트워스는 920.89㎢ 면적에 2022년 기준으로 958,692명이 거주한다. 댈
러스-알링턴-포트워스는 도시화와 교외화가 서로 밀접하게 진행되어 큰 규
모의 도시회랑(urban corridor)이 형성되어 있다. 이러한 도시 공간 현상을 댈러
스-포트워스 매트로플렉스(Metroplex)로 설명한다. 공식적으로는 댈러스-포
트워스-알링턴 통계 구역이라 정의한다. 댈러스를 포함하여 주변 11개 카운

그림 66 **미국 댈러스의 다운타운**

그림 67 **미국 댈러스 포트워스 메트로플렉스**

티를 모두 포괄하는 대도시 통계 지역 개념이다. 2020년 기준으로 댈러스-포트워스 메트로플렉스의 인구는 7,637,387명이다.그림 67

1841년 댈러스 트리니티강 인근에 정착지가 세워졌다. 당시 부통령의 이름을 따서 도시 명칭을 댈러스로 지었다. 1856년 댈러스는 타운으로 합병되어 도시로 출발했다. 1870년대에 2개의 철도가 댈러스까지 연결됐다. 농기구 제조업과 목화 생산이 붐을 일으켰다. 1872년에 전신이 생겼다. 댈러스 동부에 동텍사스 유전이 발굴됐다. 제2차 세계 대전 때 댈러스에 항공기 공장과 국방 산업이 들어 왔다. 전쟁이 끝나면서 댈러스는 전기, 전자, 미사일 부품 제조업의 중심지가 되었다. 1963년 존 F. 케네디 대통령이 댈러스에서 암살됐다. 1970년 이후 댈러스 시민들이 외곽으로 빠져나가는 교외화가 진행됐다. 1973년에 댈러스 포트워스 국제공항이 개장됐다. 1970년대-1980년대 중반까지 대기업의 본부가 댈러스로 다수 들어왔다. 2000년대에 트리니티강 재개발 프로젝트가 진행됐다. 24㎢ 면적의 트리니티강 저지대 숲을

그림 68 **미국 댈러스 딜리 광장의 존 F. 케네디 피격 장소와 케네디 기념관**

공원화하는 프로젝트다. 습지, 산책로, 레크리에이션 시설 등을 만드는 프로젝트다.

댈러스-포트워스 메트로플렉스에는 Fortune 500대 기업 중 23개 기업이 입지해 있다. 댈러스에는 Fortune 500대 기업 11개가 있다. 뉴욕(43개), 휴스턴(21개), 애틀랜타(15개), 시카고(14개)에 이어 다섯 번째다. 특히 대학과 생물 의료 기관이 다수 입지해 있다. 1943년 설립한 UT 사우스웨스턴 메디컬 센터와 제휴한 노벨상 수상자는 7명이다. 1983년에 세운 AT&T 통신 본사가 댈러스에 있다. 2022년 기준으로 AT&T는 Fortune 500 순위에서 13위다. 댈러스-포트워스 메트로플렉스에는 에너지 유틸리티 기업이 다수 입지했다. 할리버튼, 슈나이더 일렉트릭, 엑손모빌, 셸, 웨더포드, 바코 등의 기업에는 각각 10,000명 이상의 글로벌 인력이 근무한다.

그림 69 **미국 포트워스의 스톡 야드와 거리 공연**

딜리 광장(Dealey Plaza)은 댈러스 웨스트 엔드 역사 지구에 있는 도시 공원이다. 「댈러스의 발상지」라 불리는 장소다. 케네디 대통령이 딜리 광장의 텍사스 학교 도서 보관소 건물에 숨어 있던 암살범의 흉탄에 맞아 운명했다. 1963년 11월 22일이었다. 1970년 암살 장소에서 동쪽으로 180m 떨어진 곳에 케네디 기념관이 세워졌다. 케네디의 자유 정신을 상징한다. 기념관은 지붕이 없는 정사각형의 방이다. 북쪽과 남쪽을 향한 두 개의 좁은 입구가 있다. 벽은 72개의 흰색 프리캐스트 콘크리트 기둥으로 구성되어 있다. 내부에는 2.4m 정사각형의 어두운 화강암이 놓여 있다. 화강암에는 금글씨로 John Fitzgerald Kennedy라는 이름이 새겨져 있다. 딜리 광장은 1993년 국립 역사 사적지로 지정됐다. 그림 68

포트워스에는 스톡야드(stockyards) 역사 지구가 있다. 텍사스의 가축사육장이었다. 1907년까지 연간 100만 마리의 소를 판매했다. 소, 양, 돼지를 경매할 수 있었다. 거리 공연이 이뤄진다. 1976년 국립 사적지에 등재됐다. 그림 69

그림 70 **미국 댈러스의 제1 침례 교회와 휴스턴의 공동 성심 대성당**

　댈러스-포트워스 메트로플렉스와 휴스턴 대도시권은 미국에서 가장 큰 기독교 대도시 통계 지역으로 선정됐다. 2014년 기준으로 기독교는 78%로 조사됐다. 개신교 59%, 가톨릭 15%, 기타 기독교 4%다. 댈러스에는 1856년에 성공회 세인트 매튜 대성당이, 1868년에 제1 침례 교회가, 1869년에 가톨릭 과달루페 성모 대성당이, 1954년에 정교회 세인트 세라핌 대성당이 세워졌다. 1896년에 가톨릭 성심 공동 대성당이 휴스턴에 설립됐다. 개신교는 기독교 계열의 대학교, 신학교, 연구소, 성경 학교를 많이 세웠다.그림 70

애들랜타

애들랜타(Atlanta)는 조지아의 주도다. 353.04㎢ 면적에 2020년 기준으로 498,715명이 거주한다. 애들랜타 대도시권에는 6,144,050명이 산다. 애들랜타는 지리적으로 '대서양 철도(Atlantic railroad)의 끝'이란 뜻이다. 아틀라스(Atlas)는 그리스의 천문학과 항해의 신을 의미한다.

애들랜타에는 크리크족과 체로키족 인디언이 살았다. 1837년 철도 건설을 위한 정착지가 세워졌다. 1838년과 1839년에 철도가 들어왔다. 이곳은 1847년 12월 29일 「애들랜타」라는 명칭의 시로 출발했다. 남북 전쟁 동안 애들랜타는 철도 중심지와 군사 공급지였다. 전쟁을 치르면서 교회와 병원을 제외한 도시 지역이 불태워졌다. 전쟁이 끝난 후 도시가 단계적으로 재건됐다. 1885년 조지아공과대학(Georgia Tech)이 설립됐다. 1895년 면화 국제박람회가 개최됐다. 1906년에 애들랜타 인종 폭동이 일어났다. 제2차 세계 대

그림 71 **미국 애들랜타의 다운타운**

그림 72 **미국 애틀랜타 스톤 마운틴의 남북 전쟁 남군 지도자 조각상**

전 동안 제조업이 애틀랜타 경제를 지탱해 주었다. 1946년 미국 질병통제예방센터(CDC)가 애틀랜타에 창립되었다. 1960년대 애틀랜타는 민권 운동의 중심지였다. 1973년 이래 애틀랜타 시장은 아프리카계 미국인이 맡고 있다. 1996년 애틀랜타에서 하계 올림픽이 개최됐다. 2000년 이후 도심 개발이 활성화됐다. 애틀랜타 다운타운에 고층 빌딩이 들어섰다.그림 71

애틀랜타에는 남북전쟁의 남군 지도자 제퍼슨 데이비스, 로버트 리, 스톤월 잭슨 세 사람을 돌산에 새겨놓았다. 애틀랜타에서 동쪽으로 26km 떨어진 스톤 마운틴 공원의 스톤 마운틴에 조각된 암석부조다. 1972년에 완성했다.그림 72

마가렛 미첼(Mitchell)은 애틀랜타에서 태어났다. 그녀는 1936년 『바람과 함께 사라지다』를 출판했다. 이야기의 배경은 미국 남북전쟁과 재건시대에 조지아의 애틀랜타와 클레이튼 카운티다. 부유한 농장주의 딸 스칼렛 오하라가 「서민의 바다로의 행진」 이후 빈곤에서 벗어나는 고군분투를 묘사했다. 미첼은 이 책으로 1937년 퓰리처상을 수상했다. 1939년 동명의 영화로 제작되어 제12회 아카데미 최우수 작품상을 수상했다. 미첼이 소설을 썼던 마가렛 미첼 하우스는 애틀랜타 역사 건물로, 국가 사적지로 등재됐다.그림 73 셔먼의 바다로의 행진은 1864년 남북전쟁 당시 북군의 윌리엄 셔먼 장군이 남부의 중심지인 조지아와 사우스캐롤라이나를 초토화시킨 캠페인이다.

마틴 루터 킹 주니어는 애틀랜타에서 태어났다. 애틀랜타 침례교 목사였던 그는 기독교 평화주의자였다. 1963년 워싱턴 대행진을 비롯한 인권 운동을 이끌었다. 1964년 노벨 평화상을 받았다. 1968년 39세 나이로 암살됐다. 남부기독교지도회의와 학생 비폭력 조정 위원회가 애틀랜타에 본부를 두었다.

그림 73 **미국 애틀랜타의 마가렛 미첼 하우스와 『바람과 함께 사라지다』 포스터**

그림 74 **미국 애틀랜타의 질병 통제 예방 센터 CDC**

질병 통제 예방 센터(CDC)는 보건복지부 산하 국립 공중 보건 기관이다. 1946년 창립했다. 애틀랜타에 본부를 두었다. 미국과 전 세계에 걸친 질병의 통제와 예방을 통해 공중 보건을 도모하는 기관이다. 의학, 전염병학 등 170개 분야에 걸쳐 2015년 기준으로 10,899명의 전문 인력이 활동한다.그림 74

애틀랜타 경제는 글로벌 기업이 뒷받침한다. 코카콜라, CNN, 홈디포, 델타 항공, AT&T 모빌리티, 조지아-퍼시픽 등이 애틀랜타와 애틀랜타 대도시권에 입지해 있다. 1,250개의 다국적 기업이 애틀랜타에 사무실을 두고 있다.

그림 75 **미국 애틀랜타의 코카콜라 본사와 CNN 본부**

　탄산 청량 음료 코카콜라(Coca-Cola, Coke)는 1892년 애틀랜타에서 창립됐다. 음료의 이름은 음료 성분인 코카 잎과 콜라 견과류에서 따왔다. 2013년 기준으로 코카콜라 제품은 200개 이상의 국가에서 판매됐다. CNN(Cable News Network, 유선 보도 방송망)은 24시간 동안 뉴스를 보도하는 TV 뉴스 채널이다. 1980년 애틀랜타에서 설립됐다. 1980년 12월 비틀즈 존 레넌의 뉴욕 총격 피습, 이란에 피랍된 미국인 석방, 플로리다 상공에서 폭발한 챌린저 우주왕복선, 1990년 8월 걸프 전쟁 현장 등을 보도했다.그림 75

샬럿

샬럿(Charlotte)은 노스 캐롤라이나에 있는 도시다. 800.94㎢ 면적에 2020년 기준으로 874,579명이 거주한다. 샬럿 대도시권 인구는 2,660,329명이다. 샬럿은 「여왕의 도시」라는 별칭을 갖고 있다. 1761년 영국 연합 왕국의 왕후가 된 메클렌부르크 슈트렐리츠의 샬럿을 기리기 위해 부르기 시작했다.

샬럿은 스코틀랜드-아일랜드 장로교 정착민이 이주하면서 개발되었다. 1768년에 샬럿 시가 되었다. 샬럿은 20세기 이후 금융, 제조업, 식품, 에너지 도시로 성장했다. 뱅크 오브 아메리카의 본사, 트루이스트 파이낸셜, 브

그림 76 **미국 샬럿의 업타운**

그림 77 **미국 샬럿의 뱅크 오브 아메리카와 트루이스트 파이낸셜**

라이트하우스 파이낸셜, 허니웰 본사가 샬럿에 있다. 샬럿에는 240개 이상의 에너지 회사가 활동한다.그림 76

Bank of America는 샬럿에 본사를 둔 상업 은행이다. 1956년에 설립된 뱅크 아메리카와 1991년에 문을 연 네이션스 뱅크가 1998년 합병해 세운 은행이다. 미국 50개주, 컬럼비아 특별구와 전 세계 40개국에 지사가 있다. 트루이스트 파이낸셜은 샬럿에 본사를 둔 미국 은행 지주 회사다. 1872년 개설한 BB&T와 1891년 설립한 SunTrust Banks가 합병해 2019년 문을 열었다. 미국 15개주와 워싱턴 D.C.에 지점이 있다.그림 77 브라이트하우스 파이낸셜은 2017년 샬럿에서 영업을 시작한 연금 생명 보험사다. 하니웰(Honey-

그림 78 **미국 샬럿의 「빌리 그레이엄 도서관」과 제퍼슨 시대 스타일 주택**

well)은 건축 난방 기술, 안전 생산성 솔루션을 다루는 회사다. 1906년 인디애나에서 출발했다. 2019년 샬럿으로 본사를 이전했다.

샬럿은 19세기 이후 장로교, 침례교, 감리교, 성공회, 루터교, 로마 가톨릭을 비롯한 수많은 교회가 형성되어 「교회의 도시」라는 별명을 얻었다. 샬럿은 빌리 그레이엄 출생지다. 그의 삶과 사역을 기록한 공립 박물관 「빌리 그레이엄 도서관」이 있다. 2007년에 공개됐다. 빌리 그레이엄 복음주의 협회 국제 본부 부지에 있다. 샬럿에는 제퍼슨 시대 스타일의 주택이 남아 있다. 천정이 높고 2층 구조다.그림 78

마이애미

마이애미 시(City of Miami)는 플로리다 남동부에 위치한 해안 도시다. 145.23 ㎢ 면적에 2020년 기준으로 442,241명이 거주한다. 마이애미 대도시권 인구는 6,091,747명이다.

마이애미 도시명은 1896년 마이애미강 이름을 따서 지었다. 2008년 마이애미는 「미국에서 가장 깨끗한 도시」 가운데 하나로 선정됐다. 2022년에 허리케인 이안이 발생했다. 대형 허리케인은 12년 주기로 일어난다고 분석한다.

마이애미에는 테퀘스타 부족이 살았다. 1566년 이후 1821년까지 스페인과 영국이 플로리다를 통치했다. 1821년 미국은 스페인으로부터 플로리다를 할양받았다. 마이애미에서는 감귤 재배가 이뤄졌다. 마이애미는 1896년 도시가 되었다. 제2차 세계 대전 때 독일 잠수함에 대한 미국 방어 기지 역할을 했다. 사람들이 마법과도 같이 마이애미에 몰리자 마법 도시(Magic City)라는 말을 들었다. 겨울에 지내기 좋았기 때문이다. 1959년 쿠바 혁명 후 쿠바인이 대거 들어 왔다. 1980년대와 1990년대에 뉴 사우스 마이애미에 비즈니스와 문화 시설이 들어섰다.

마이애미의 인구 구성은 백인 65.4%, 흑인 또는 아프리카계 미국인 16.0%, 기타 17.0%다. 2010년 기준으로 히스패닉 인구가 전체 인구의 70%다. 도시 거주자의 34.4%가 쿠바 출신이고, 15.8%가 중미 배경이다. 마이애미는 「라틴 아메리카로 가는 관문」이라 한다.

마이애미는 금융, 국제 무역 중심지다. 마이애미에는 1,400개 이상의 다국적 기업이 있다. 금융 지구인 브리켈 애비뉴에 국제 은행이 밀집해 있다. 브리켈에는 3.1㎢ 면적에 2014년 추정으로 32,489명이 거주한다. 20세기 초 이곳에 호화 맨션이 들어서면서 「백만장자의 거리」라 했다. 1970년대까지 맨션은 순차적으로 오피스, 호텔, 아파트로 대체됐다. 브리켈에는 다수의 외국 영사관이 입지해 있다. 마이애미는 관광업이 활성화되어 있다.그림 79 마이애미에서 북쪽으로 370km 떨어진 곳에 1971년 문을 연 디즈니월드가 있다.

마이애미에는 300개 이상의 고층 건물이 있다. 다운타운, 브리켈, 에지워터에 밀집해 있다. 1987년에 세운 마이애미 타워는 높이 191m 47층 높이의 랜드마크 오피스 빌딩이다. 파노라마 타워는 2018년에 건축했다. 높이 265m 85층 높이의 주상 복합 공간이다.그림 80

그림 79 **미국 마이애미의 도시 경관**

그림 80 **미국 마이애미의 마이애미 타워와 파노라마 타워**

마이애미에는 히스패닉, 유대인, 캐리비안, 아이티 전통이 강하다. 2006년 공연과 엔터테인먼트 지구에 아르슈트 공연 예술센터가 문을 열었다. 텔레문도(Telemundo)는 1984년에 마이애미에 개국한 미국 스페인어 지상파 텔레비전 네트워크다. 1954년에 패스트푸드 버거킹이 마이애미에서 처음 개장했다. 마이애미에는 1965년에 세운 국립 허리케인 센터가 있다. 북대서양과 동태평양 지역에서 발생하는 열대성 저기압의 예보와 관측 정보를 제공한다.

그림 81 **미국 포트 마이애미의 크루즈 유람선**

포트 마이애미(Port Miami)는 「세계의 크루즈 수도」, 「아메리카의 화물 관
문」이라 불린다. 마이애미강 입구의 비스케인 만 닷지 섬에 위치했다. 2017
년 기준으로 5,340,559명 크루즈 승객과 9,162,340톤의 화물이 들어왔다.
하팍 로이드 유로파, 노르웨이 스카이, 오세아니아 노티카, 카니발 크루즈,
로얄 캐리비안 인터내셔널 등의 크루즈 기업이 있다.그림 81

07 서부 도시

미국 서부(American West, West)는 미국의 가장 서쪽 지역이다. 미국 인구조사국에서 정의하는 서부는 네바다, 알래스카, 애리조나, 오리건, 워싱턴, 캘리포니아, 하와이 등의 13개주다. 3개의 태평양 미국 영토인 미국령 사모아, 괌, 북마리아나 제도도 서부의 일부로 간주한다.

서부에는 덴버, 라스베가스, 로스앤젤레스, 리버사이드, 산호세, 새크라멘토, 샌디에이고, 샌프란시스코, 솔트레이크시티, 시애틀, 앨버커키, 앵커리지, 콜로라도 스프링스, 투손, 포틀랜드, 프레즈노, 피닉스, 호놀룰루 등의 도시가 있다. 여기에서는 시애틀, 샌프란시스코, 로스앤젤레스, 라스베가스, 호놀룰루를 살펴보기로 한다.

시애틀

시애틀 시(City of Seattle)는 북미 태평양 북서부 워싱턴 주에 위치한 해안 도시다. 367.97㎢ 면적에 2020년 기준으로 737,015명이 거주한다. 시애틀 대도시권 인구는 4,018,762명이다. 시애틀은 퓨젯사운드 해협과 워싱턴호(湖)에 연해 있다. 시애틀에서 남동쪽으로 95km 떨어진 곳에 레이니어산이 있다.

그림 82 **미국의 시애틀과 레이니어산**

캐스케이드 산맥에 있는 성층 화산이다. 고도가 4,394m다.그림 82

　1851년 유럽 정착민이 이곳에 들어왔다. 1852년 수콰미시와 두와미시 부족 추장 Si'ahl(Seathl)은 백인 정착민에게 도움을 주었다. 추장의 이름을 따서 이곳을 Seattle(시애틀)이라 명명했다. 추장 이름의 영어식 표현이 시애틀이다.

　시애틀 초기 시대에는 목재와 종이 생산에 주력했다. 1848년 서부에 골드러시가 불어 닥쳤다. 1861년에 워싱턴 대학교가 개교했다. 1883년 시애틀에 철도가 들어왔다. 1897년과 1898년 클론다이크와 알래스카에서 골드러시가 터졌다. 금 채굴로 가는 관문에 있던 시애틀에 사람들이 몰렸다. 1901년 백화점 노드스트롬이 들어 섰다. 1916년 항공기 제조업 보잉(Boeing)이 설립됐다. 1917년 제1차 세계 대전 동안 시애틀은 국방 물자 생산 기지가 되었다. 제2차 세계 대전 때 시애틀은 항공기 산업과 해운업이 성업을 이루었다.

1962년 세계 박람회가 개최됐다. 1971년 커피 제인 스타벅스가 시애틀에서 창립됐다. 1975년 시애틀에서 동쪽으로 24km 떨어진 레드먼드에 마이크로소프트가 세워졌다. 1983년 소매점 창고 체인 코스트코가 시애틀에서 영업을 시작했다. 1994년 아마존이 시애틀에서 창업했다.

노드스트롬(Nordstrom)은 시애틀에서 신발 가게로 시작하여 의류와 잡화 등 품목을 확장해 백화점 체인으로 발전했다. 보잉(Boeing)은 1916년 시애틀에서 설립됐다. 비행기, 로켓, 위성, 미사일 등을 제조, 판매하는 항공 기업이다. 시애틀에서 북쪽으로 40km 떨어진 스노호미스 머킬테오에 보잉의 박물관과 연구 센터가 있다. 2001년 보잉 본부를 시카고로 옮겼다.

스타벅스(Starbucks)는 커피 로스터리 매장 체인이다. 1971년 시애틀 엘리엇 베이 파이크 플레이스 마켓에서 창업했다. 84개국에 매장이 있다. 코스트코(Costco)는 회원제로 운영되는 대형 창고 체인 기업이다. 「Cost Company」의 줄인 말이다. 샌디에이고에서 개장한 후, 1983년 시애틀에서 정식으

그림 83 **미국 시애틀의 스타벅스 본사와 코스트코 본사**

로 창립했다. 코스트코 본사는 시애틀 동부 교외 이사콰에 있다. 커클랜드(Kirkland) 시그니처 라벨은 코스트코 자체 브랜드다. 명칭은 코스트코가 있던 워싱턴 커클랜드에서 따온 것이다. 커클랜드는 58.69㎢ 면적에 2020년 기준으로 92,175명이 거주한다.그림 83

　　마이크로소프트(Microsoft)는 1975년 뉴멕시코 앨버커키에서 창립되었다. 마이크로소프트는 마이크로컴퓨터와 소프트웨어의 합성어다. 컴퓨터 소프트웨어, 전자 제품 등을 생산하는 기술 기업이다. 소프트웨어 제품은 Windows, Microsoft Office, Internet Explorer, Edge 웹 브라우저 등이 있다. 마이크로소프트는 1979년 본사를 시애틀 대도시권 벨뷰로 이전했다. 1986년 본부를 시애틀에서 동쪽으로 24km 떨어진 레드몬드로 다시 옮겼다.그림 84

그림 84 **미국 시애틀 교외 레드먼드의 마이크로소프트 본사**

그림 85 **미국 시애틀의 아마존 스피어(Amazon Spheres)**

아마존(Amazon)은 1994년 시애틀 대도시권 벨뷰에서 창업했다. 전자 상거래, 클라우드 컴퓨팅 등을 다루는 기술 기업이다. 출판, 대중 매체 스튜디오를 운영한다. 아마존은 시애틀 다운타운과 대도시권에 40개 이상의 건물을 사용한다.그림 85

시애틀 중앙 도서관은 2004년에 개관한 공립 도서관이다. 높이 56.9m 11층의 유리와 강철로 만들어진 건물이다. 1,500,000권의 장서가 있다. 개관 첫 해 2,000,000명이 방문했다. 2007년 미국 건축가 협회가「좋아하는 건물」로 선정했다. 러셀 투자 센터는 2006년에 설립한 상업 빌딩이다. 182.18m 높이의 42층 건물이다. 1889년 이후 시애틀의 금융 은행 기능을 담당했던 체이스 센터, 와무 센터, 워싱턴 뮤추얼 센터 건물이었다.

　　인디 록과 인디 댄스 음악이 시애틀에서 활성화됐다. 1918-1951년 사이에 시애틀 잭슨 스트리트를 따라 재즈 나이트클럽이 운영됐다. 레이 찰스, 퀸시 존스, 어니스틴 앤더슨이 경연했다. 록 음악의 지미 헨드릭스, 너바나, 펄잼 등이 활동했다. 대중 문화 박물관이 2000년에 개관했다. 박물관은 건축가 프랭크 게리가 디자인했다. 팝 컨퍼런스와 SF 판타지 단편 영화제가 열린다.

　　파이크 플레이스 마켓은 1907년에 문을 열었다. 농부, 공예가, 상인을 위

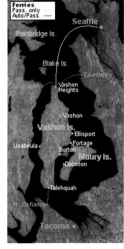

그림 86 **미국 시애틀의 킹 카운티 수상 택시와 바손 섬**

그림 87 **미국 시애틀 교외 벨뷰 다운타운**

한 비즈니스 장터다. 마켓의 이름은 중심가인 파이크 플레이스에서 따왔다.
킹 카운티 수상 택시는 승객 전용 고속 페리다. 1997년부터 운행했다. 푸젯
사운드 수로를 따라 시애틀 다운타운과 웨스트 시애틀, 바손 섬 사이의 두
노선을 운영한다.그림 86 1906년부터 운행하는 킹 스트리트 역은 통근 열차
와 암트랙이 정차하는 역이다. 시애틀에서 남쪽으로 23km 떨어진 시택에
시애틀-타코마 국제공항이 있다. 1944년 개항했다. 시애틀과 타코마 사이
에 시애틀 타코마 국제공항이 있다. 타코마는 시애틀 남서쪽으로 51km 떨
어져 있다.

벨뷰(Bellevue)는 시애틀 대도시권 동쪽에 있다. 벨뷰는 프랑스어로 '아름다
운 경치'라는 뜻이다. 1953년에 시가 됐다. 97.14㎢ 면적에 2020년 기준으
로 151,854명이 거주한다. 게임 기업 밸브, 여행 회사 익스피디아 그룹 등의
본사가 있다. 보잉, 마이크로소프트, 노키아, 삼성 등의 지사가 있다.그림 87

샌프란시스코와 베이 지역

샌프란시스코는 캘리포니아의 상업과 문화 도시다. 도시와 카운티(County)를 합친 개념으로 쓰인다. 600.59㎢ 면적에 2020년 기준으로 873,965명이 거주한다. 샌프란시스코 대도시권 인구는 4,749,008명이다.그림 88

도시 이름은 아시시의 성 프란치스코에서 따왔다. 그는 13세기 이탈리아의 로마 가톨릭교회 설교가였다. 프란치스코회 창설자다. 샌프란시스코는 '시티 바이 더 베이', '안개 도시', '서부의 파리' 등의 별칭을 갖고 있다.

샌프란시스코 만과 캘리포니아 해안선을 따라 안개 현상이 나타난다. 안개와 저층운은 여름에 주로 나타난다. 늦은 가을부터 겨울 시즌에 두꺼운 지상 툴레 안개(tule fog)가 만들어지기도 한다.

그림 88 **미국 샌프란시스코와 금문교**

1769년 스페인이 샌프란시스코만을 탐험했다. 1776년 스페인은 이곳에 식민지를 설립했다. 가톨릭 선교 단체가 들어 왔다. 1821년 이곳은 스페인으로부터 독립해 멕시코의 일부가 되었다. 미국은 예르바 부에나(Yerba Buena) 지역에 정착지를 건설했다. 1846년 미국-멕시코 전쟁 이후 1848년 미국은 멕시코로부터 이곳을 양도받았다. 1847년 예르바 부에나는 도시명을 샌프란시스코로 바꾸었다. 1848년부터 중국인이 차이나타운을 조성했다. 1849년 캘리포니아에 골드 러시가 터지면서 서부로 사람들이 몰렸다. 이들을 1849년에 몰려든 사람이라는 뜻의 Forty-Niners(퍼티 나이너즈)라 불렀다. 골드 러시는 부의 자본화로 이어졌다. 1852년 웰스 파고와 1864년 캘리포니아 은행이 창립됐다. 1853년 청바지 리바이스가 제작됐다. 1856년에 샌프란시스코 도시와 카운티가 통합되었다. 1858년 알카트라즈섬을 군사 요새로 개발했다. 1859년 네바다 콤스톡 로드에서 은이 발견됐다. 샌프란시스코는 해안 매립을 통해 항구로 개발됐다. 1869년 퍼시픽 철도와 동부 철도 시스템이 연결되면서 베이 지역은 무역 중심지로 발돋움했다. 1873년 케이블카가 운영됐다. 1906년 지진과 화재로 도시의 4분의 3 이상이 황폐해졌다. 재건은 빠르게 진행되었다. 1915년 파나마-태평양 국제 박람회를 열어 도시 재생의 축제를 벌였다. 뱅크 오브 아메리카가 1930년 샌프란시스코에서 문을 열었다. 뱅크 오브 아메리카는 1998년 샬럿으로 본부를 옮겼다. 1936년에 샌프란시스코-오클랜드 베이 브리지를, 1937년에 골든게이트교를 건설했다. 1939-1940년 골든게이트 국제 박람회를 개최했다. 제2차 세계 대전 기간에는 샌프란시스코가 태평양 전쟁의 거점 항구 역할을 했다. 1945년 샌프란시스코 회의에서 유엔헌장이 채택되었다.

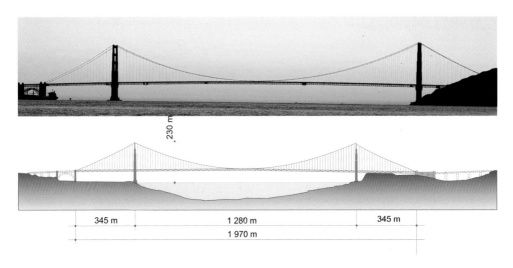

230 m

345 m   1 280 m   345 m

1 970 m

그림 89 **미국 샌프란시스코 금문교의 경간 높이, 깊이, 길이**

　1951년 샌프란시스코 강화 조약으로 일본과의 전쟁을 끝냈다. 항구 기능이 오클랜드 항구로 이동했다. 샌프란시스코 중심 도시에 아시아와 라틴계가 유입됐다. 중심 도시에 살던 사람들은 대거 교외 지역으로 이주했다. 1950년대 이후 샌프란시스코는 자유주의 운동 중심지로 변했다. 평화운동, 베트남 반전 운동, 성소수자 권익수호 운동이 전개됐다. 1972년 트랜스아메리카 피라미드가 세워졌다. 1980년데 후반까지 다운타운에 고층 건물이 들어섰다. 1989년에 지진이 났다. 1990년대 후반 스타트업 회사들이 샌프란시스코 경제에 활기를 불어 넣었다. 새로운 주택과 사무실이 필요해지면서 고층 개발이 이뤄졌다. 첨단 기업이 필요로 하는 오피스 빌딩이 들어섰다. 샌프란시스코는 애플과 구글같은 실리콘 밸리 근무자들의 배후 도시로 성장했다.

금문교는 샌프란시스코와 마린 카운티를 연결하는 다리다. 1937년 개통했다. 길이가 1,280m, 높이가 230m다. 샌프란시스코만과 태평양을 연결하는 1,970m의 해협 위에 놓인 현수교다. 1987년 캘리포니아의 역사적 랜드마크로, 1999년 샌프란시스코 랜드마크로 지정됐다.그림 89

샌프란시스코-오클랜드 베이 브리지를 줄여서 베이 브리지(Bay Bridge)라 한다. 1936년에 완공했다. 샌프란시스코와 오클랜드를 연결한다. 접근로를 제외한 다리의 총 길이는 7.18km다. 하루에 260,000대 차량이 다닌다. 1989년 지진으로 일부가 파손된 바 있다. 2013년 복원됐다. 2001년 국립 사적지로 지정됐다.그림 90

그림 90 **미국 샌프란시스코 베이브리지의 낮과 밤**

샌프란시스코 케이블카는 수동으로 운영되는 케이블카 시스템이다. 샌프란시스코의 아이콘이다. 1873-1890년 사이에 23개 케이블카 노선이 설립됐다. 오늘날 파월-메이슨, 파월-하이드, 캘리포니아 스트리트 라인 등 3개 노선이 운영된다. 1964년 국가 사적지로 지정되었다. 케이블카에서 피셔맨스 워프와 알카트라즈섬이 보인다. 알카트라즈(Alcatraz)섬은 샌프란시스코에서 2.01km 떨어진 섬이다. 알카트라즈는 '펠리칸'이라는 뜻이다. 1858년 등대, 군사 요새로 개발됐다. 1934년 알카트라즈 연방 교도소로 개조됐다. 섬 주변은 해류가 강하고 수온이 차갑다. 감옥은 1963년에 폐쇄됐다. 알카트라즈는 1986년 국가 사적지로 지정됐다.그림 91

그림 91 **샌프란시스코의 케이블카, 피셔맨스 워프, 알카트라즈섬**

그림 92 **샌프란시스코의 롬바드 거리와 피어 39의 바다사자**

　롬바드(Lombard) 거리는 샌프란시스코에 있는 구불구불한 언덕길이다.
「세계에서 가장 구불구불한 거리」라고 부른다. 거리 이름은 필라델피아의
롬바드 스트리트를 따서 지었다. 차량 운행 속도는 시속 8km를 권장한다.
피어 39(Pier 39)는 피셔맨즈 워프 지구의 가장자리에 있다. 바다사자, 알카트
라즈 섬, 베이 브리지, 금문교를 볼 수 있다. 레스토랑, 아케이드, 수족관, 가
상 놀이기구 등의 쇼핑 센터가 있다.그림 92

그림 93 **샌프란시스코의 트랜스아메리카 피라미드와 차이나타운**

트랜스아메리카 피라미드는 샌프란시스코에 있는 260m 높이의 48층 상업용 오피스 빌딩이다. 1972년 건축됐다. 트랜스아메리카 본사가 있던 건물이다. 차이나타운과 인접해 있다. 차이나타운(Chinatown, 唐人街)은 1848년 1월 시에라 산기슭에서 금이 발견되면서 중국인의 거처로 조성되었다. 1800년대 중반부터 1869년까지 대륙 횡단 철도 건설이 진행됐다. 중국인이 철도 건설에 투입되었다. 차이나타운은 중국인의 관습, 언어, 문화가 있는 지역으로 존속되어 왔다.그림 93

웰스 파고(Wells Fargo)는 아메리칸 익스프레스 설립자가 1852년 세운 금융 기관이다. 서부 골드 러시로 급성장했다. 1998년 미니애폴리스의 노르웨스트 코퍼레이션과 합병했다. 본부가 샌프란시스코에 있다. 뉴욕에 운영 본부가 있다. 전 세계 35개국에서 운영된다. 리바이 스트라우스(Levi Strauss)는 1853년 샌프란시스코에서 설립한 청바지 제조 회사다. 줄여서 리바이스(Levi's)라 한다. 1873년 청바지 주머니 모서리에 구리 리벳을 덧대는 특허를 획득했다. 본부는 1981년에 조성한 샌프란시스코 리바이스 플라자에 있다.

샌프란시스코 베이 지역은 샌프란시스코 베이 강어귀를 둘러싸고 있는 대도시 지역이다. 약칭으로 베이 지역이라 한다. 샌프란시스코, 산호세, 오클랜드 등의 도시가 있다. 베이 지역은 알라메다, 콘트라 코스타, 마린, 나파, 샌프란시스코, 샌마테오, 산타 클라라, 솔라노, 소노마의 9개 카운티가 중심이다. 9개 카운티는 18,040㎢ 면적에 2020년 기준으로 7,760,000명이 거주한다. 샌프란시스코-산호세-오클랜드를 포함한 캘리포니아 통합 통계 지역에는 26,390㎢ 면적에 9,710,000명이 산다.그림 94

그림 94 **미국 샌프란시스코 베이 지역과 연결 다리**

그림 95 **미국 샌프란시스코의 실리콘 밸리와 입지 기업**

실리콘 밸리(Silicon Valley)는 첨단 기술과 혁신의 글로벌 중심지다. 수천 개 기업의 본사와 신생 기업이 있는 하이테크 기업 지역이다. 벤처 캐피탈 투자가 이뤄지는 스타트업 생태계의 허브 지역이다. 샌프란시스코 베이 지역(Bay Area)의 남쪽에 위치한다. 알마에다, 산타 클라라, 샌마테오 카운티에 집중되어 있다. 레드우드 시티, 마운틴 뷰, 멘로 파크, 산타 클라라, 산호세, 서니베일, 쿠퍼티노, 팔로 알토, 프리몬트 등의 도시가 있다. 이곳에는 좋은 자연 환경, UC 버클리대(1868년 설립), 스탠포드대(1885년 설립) 등의 입지, 사회 하부 구조 구축 등의 여건이 갖춰져 있다.

실리콘 밸리는 이 지역에서 개척된 트랜지스터와 컴퓨터 집적회로 칩에 사용된 실리콘에서 이름을 따왔다. 1971년부터 사용됐다. 1909년 이후 미군은 베이 지역의 기술 여구를 지원했다 1946년 스탠포드대 터먼(Terman) 교수는 휴렛, 패커드 등에게 실리콘 밸리에서 창업하도록 권장했다. 실리콘에 기반을 둔 트랜지스터, 반도체, 집적회로 칩, 마이크로프로세서가 개발됐다. 인터넷이 상용화되고 벤처 캐피탈이 등장했다. 애플, 구글, 페이스북, HP, AMD, 인텔, 시스코, 어도비, 이베이 등의 기업이 소재하고 있다.그림 95

애플(Apple)은 개인용 컴퓨터, 휴대 전화, 온라인 서비스 등을 총괄하는 기술 회사다. 애플, 아이패드, 아이폰, 맥북 등의 서비스를 제공한다. 1976년 베이 지역 로스 알토스에서 창업했다. 1993-2017년까지 베이 지역 쿠퍼티노 애플 캠퍼스에 있었다. 2017년 쿠퍼티노 애플 파크로 본사를 옮겼다. 건물 진력 대부분은 태양광 시설과 바이오 연료 전지 시스템을 활용한다. 쿠퍼티노는 29.34㎢ 면적에 2020년 기준으로 60,381명이 거주한다.그림 96

그림 96 **미국 샌프란시스코 베이 지역 쿠퍼티노의 애플 본사**

그림 97 **미국 샌프란시스코 베이 지역 마운틴뷰의 구글플렉스**

구글(Google)은 검색 엔진 기술, 클라우드 컴퓨팅 등을 다루는 기술 기업이다. Gmail, 지도, 클라우드, 크롬, 유투브, 안드로이드 등의 서비스를 공급한다. 1998년 베이 지역 멘로 파크에서 설립됐다. 2015년 구글과 구글 자회사의 지주 모회사로 알파벳(Alphabet)을 세웠다. 알파벳과 구글의 본사는 복합건물인 구글플렉스에 있다. 구글플렉스는 2004년 마운틴 뷰에 세웠다. 마운틴 뷰는 31.79km²면적에 2020년 기준으로 80,100명이 산다. 구글 베이뷰 캠퍼스는 태양광 패널과 지열 파이프로 에너지 소비를 줄였다.그림 97

페이스북(Facebook)은 사회적 기술 기업이다. 2004년 매사추세츠 케임브리지에서 시작했다. 4개월 후인 2004년 캘리포니아 팔로 알토로 옮겼다. 2012년 베이 지역 멘로 파크로 본사를 이전했다. 멘로 파크는 45.03㎢ 면적에 2020년 기준으로 33,780명이 거주한다. 2021년 메타 플랫폼(Meta Platforms)

으로 이름을 바꿨다. 메타버스(metaverse)에 집중하기 위해서다. 메타는 페이스북, 메신저, 페이스북 워치, 메타 포털 서비스를 관장한다. 그림 98

애플, 알파벳, 메타 플랫폼, 마이크로소프트, 아마존은 미국 5대 정보기술 기업이다.

샌프란시스코와 베이 지역에 갭(의류), 노스페이스(의류), 넷플릭스(엔터테인먼트), 드롭박스(소프트웨어), 세일즈포스(소프트웨어), 앤비디아(소프트웨어), 줌(통신), 셰브론(에너지), 에어비앤비(여행), 우버(운송), 위키미디어(오픈 콘텐츠), 트위터(소셜 네트워킹), 비자(금융), 페이팔(금융) 등 다수의 기업이 입지해 있다.

샌프란시스코에는 1915년에 세운 예술의 궁전이 있다. 클래식, 오페라, 발레 공연은 샌프란시스코 공연 예술 센터에서 이뤄진다. 샌프란시스코에 관한 여러 노래가 알려져 있다.

그림 98 **미국 샌프란시스코 베이 지역 멘로파크의 메타 플랫폼**

그림 99 **미국 로스앤젤레스**

로스앤젤레스

로스앤젤레스(Los Angeles)는 캘리포니아 최대 도시다. 1,299.01㎢ 면적에 2020년 기준으로 3,898,747명이 거주한다. 로스앤젤레스 대도시권 인구는 13,200,998명이다. '천사의 도시'라는 별명을 가지고 있다.그림 99

Los Ángeles는 스페인어다. '천사들'이라는 뜻이다. Los는 정관사로 영어의 the와 유사하다. 스페인 정착 이후에 로스 앙헬레스(Los Angeles)라는 지명을 강조했다. 멕시코 시절에는 이곳을 '천사들의 도시'라는 뜻의 「시우다드 데 로스 앙헬레스」라 했다. 미국령이 되면서 로스앤젤레스로 굳어졌다. 한국은 외래어표기법에 따라 「로스앤젤레스」로 표기한다. 영문 Angel의 A를 [æ]로 발음 표기한다. 한자식으로는 羅城(나성)이라고 쓴다.

2020년 기준으로 히스패닉과 라틴계는 캘리포니아 인종의 39.4%를 점유한다. 이들은 1683년부터 이곳에 살아왔다.

로스앤젤레스는 1781년 스페인 사람 네베에 의해 설립되었다. 이곳은 1821년에 멕시코 독립 전쟁으로 멕시코에 편입됐다. 1848년 멕시코-미국 전쟁이 일어났다. 과달루페 이달고 조약으로 로스앤젤레스를 위시한 캘리포니아가 미국에 양도됐다. 로스앤젤레스는 1850년 지방자치제를 시작했다. 1876년 로스앤젤레스에 서던퍼시픽 철도가 건설됐다. 1892-1923년 기간에 석유가 발견됐다. 1891년에 칼텍(Cal Tech)이 개교했다. 1910년 할리우드가 로스앤젤레스에 합병되었다. 1921년 로스앤젤레스는 세계 영화 산업의 80%을 점유했다. 1932년과 1984년에 하계 올림픽을 개최했다. 1992년 인종 갈등이 일어났다.

로스앤젤레스와 대도시권에 스페이스X(항공우주), 캐피탈 그룹(금융), 릴라이언스 스틸앤알루미늄(제조), CBRE그룹(부동산), 게스(패션), 커피빈앤드티리프

그림 100 **미국 로스앤젤레스의 할리우드 사인과 월트 디즈니 콘서트 홀**

(식품) 등이 기업이 있다. 스페이스 X의 본부는 로스앤젤레스 대도시권 호손에 있다. 우주선 제조, 발사, 위성 통신을 다룬다. 2002년에 창업했다. 게스(Guess)는 1981년 로스앤젤레스에서 세운 의류, 액세서리 패션 기업이다. 로스앤젤레스에서 남동쪽으로 42km 떨어진 곳에 1955년에 개장한 디즈니랜드가 있다.

로스앤젤레스는 자연 환경이 영화 촬영에 적절했다. 로스앤젤레스 할리우드는 영화 산업의 중심지로 성장했다. 로스앤젤레스와 대도시권에 컬럼비아, 월트 디즈니, 파라마운트, 워너 브라더즈, 유니버설, 폭스 엔터테인먼트, 엠지엠, 드림웍스 애니메이션 스튜디오가 있다. 영화, 텔레비전, 연극, 음악 관련 시상식이 열린다. 1929년에 세운 USC 영화 예술 학교에서 예술인을 교육한다. 로스앤젤레스에서는 매년 1,100개 이상의 연극이 만들어진다. 월트 디즈니 콘서트홀에서 로스앤젤레스 필하모닉 오케스트라와 로스앤젤레스 마스터 합창단이 활동한다. 2003년에 개관했다. 프랭크 게리가 디자인했다. 1950년에 문을 연 콜번 스쿨과 1884년에 출발한 USC 손턴 음악 학교에서 음악 인재를 교육한다.그림 100

그림 101 **미국 로스앤젤레스의 돌비 극장과 그래미 박물관**

로스앤젤레스 할리우드 돌비 극장에서 2001년부터 아카데미 시상식이 열린다. 아카데미 상은 오스카(Oscar) 상으로도 부른다. 영화 예술 과학 아카데미(AMPAS)에서 아카데미 투표 회원이 선정한다. 제1회 아카데미상은 1929년 시작됐다. 한국 영화『기생충』이 2020년 오스카상을 수상했다. 에미상(텔레비전), 토니상(연극), 그래미상(음악)이 아카데미상을 모델로 했다. 에미(Emmy) 상은 미국 텔레비전 예술과학 아카데미(ATAS)에서 주관한다. 1949년 제1회 시상식이 열렸다. 텔레비전 에미상은 프라임타임, 데이타임, 스포츠, 뉴스 다큐멘터리 에미상 등 다양하다. 일반적으로 말하는 에미상은 프라임타임 에미상이다. 2022년 에미상은 대한민국 작품『오징어 게임』에게 돌아갔다. 2008년에 그래미 박물관을 열었다.그림 101

로스앤젤레스 카운티에 비벌리 힐스가 있다. 로스앤젤레스에서 서쪽으로 17km 떨어져 있다. 고급 주택, 고급 호텔, 영화 촬영지로 활용되는 곳이다. 1914년부터 개발되어 1950년대에 활성화됐다. 14.8㎢ 면적에 2020년 기준으로 32,701명이 거주한다.

그림 102 미국 로스앤젤레스의 다운타운

그림 103 미국 로스앤젤레스의 이스턴 컬럼비아 빌딩과 윌셔 그랜드 센터

로스앤젤레스 다운타운은 중심 업무 지구다. 15.1㎢ 면적이다. 2013년 기준으로 500,000개 이상의 일자리가 있다. 1950년대 이후 교외화로 인해 다운타운 경제 활동이 둔화됐다. 2000년대 들어서 다시 활기를 찾고 있다.그림 102

이스턴 컬럼비아 빌딩은 1930년에 완공된 80m 높이의 13층 아르데코 건물이다. 청록색 테라코타 타일로 된 4면 시계탑은 흰색 네온으로 EASTERN이라는 단어가 새겨져 있다. 1985년 로스앤젤레스 역사 문화 기념물로 지정됐다. 윌셔 그랜드 센터는 금융 지구에 있는 335.3m 높이의 73층 빌딩이다. 2017년에 세워졌다. 호텔, 오피스 용도로 사용된다.그림 103

코리아타운은 로스앤젤레스 중심부에 있는 한국인 거주지다. 7㎢ 면적에 2008년 기준으로 124,281명이 거주했다. 1900년대 초반 로스앤젤레스 벙커힐 일대에 한국인이 모여들었다. 1960년대에 이민자가 급증했다. 미드 윌

그림 104 **미국 로스앤젤레스의 대한민국 총영사관과 코리아타운 사인**

서 지역이 한국인 주거지로 발전했다. 코리아타운 비즈니스 구역은 올림픽 대로, 버몬트 애비뉴, 8번가, 웨스턴 애비뉴 경계로 확장되었다. 2000년대에 빠르게 성장했다. 항공사, 중국, 중남미 국가의 영사관이 위치해 있다. 1948년에 세운 대한민국 로스앤젤레스 총영사관이 있다.그림 104

리틀 도쿄는 로스앤젤레스 일본계 미국인 문화 중심지다. 1896년 보자르 양식의 극동 카페가 문을 열었다. 1942년에 시가지의 모습을 갖췄다. 전성기에 30,000명의 일본계 미국인이 살았다. 일본인 문화가 있다. 일본계 미국인 국립 박물관, 파산 기념비가 있다. 1995년에 국립 사적지로 지정됐다.

로스앤젤레스 항구는 '미국의 항구'라 부른다. 시내에서 남쪽으로 32km 떨어져 있다. 미국으로 들어오는 화물의 20%를 담당한다. 무역 파트너는 아시아 국가다. 로스앤젤레스에서 남쪽으로 40km 떨어진 곳에 롱비치 항이 있다. 컨테이너 항구다. 아시아 무역의 관문 항구다.

라스베가스

라스베가스(Las Vegas)는 367.36㎢ 면적에 2020년 기준으로 641,903명이 거주한다. 라스베가스 대도시권 인구는 2,265,461명이다. 네바다 주 클라크 카운티 모하비 사막에 있는 도시다.

라스베가스는 스페인어로 '목초지(meadows)'라는 뜻이다. 이곳에 야생초와 사막 샘물이 있었다. 별명은 씬 시티(Sin City)다. 종교적으로 불경건한 도시라는 의미다.

이 곳에 파이우트 인디언이 살았다. 1844년 개척자가 들어왔다. 개척자의

그림 105 **미국 라스베가스의 스트립 대로와 표지판**

이름을 따서 프리몬트 스트리트가 명명됐다. 1905년 철도 부지가 확보되면
서 라스베가스가 설립됐다. 1911년 도시가 되었다. 1931년에 카지노 도박
이 합법화됐다. 1931-1935년에 후버 댐이 건설됐다. 후버 댐 건설 노동자와
가족이 라스베가스에 정착했다.

　1959년에 라스베가스 표지판이 설치됐다. 라스베가스는 관광과 엔터테
인먼트 휴양도시다. 카지노는 1906년부터 프리몬트 스트리트에 다수 입지
했다. 1995년 관광객을 보다 많이 유치하기 위해 프리몬트 스트리트 익스피
리언스가 새롭게 조성됐다. 중심거리인 라스베가스 스트립에는 호텔, 엔터
테인먼트 시설이 밀집해 있다. 거리의 길이는 6.8km다.그림 105

라스베가스는 컨벤션, 건강 산업으로 경제 다각화를 모색하고 있다. 라스베가스 컨벤션 센터는 1959년 개관했다. 2008년 건설 무역 박람회가 개최됐다. 1976년 자포스 극장이 문을 열었다. 자선 행사, 콘서트, 시상식 등이 개최된다. 2000년부터 심포니 파크가 조성됐다. 심포니 파크에는 클리블랜드 클리닉 루 루보 뇌 건강 센터 (2010년 개관), 스미스 공연 예술 센터 (2012), 디스커버리 어린이 박물관 (2013)이 있다. 그림 106

그림 106 **미국 라스베가스의 컨벤션 센터와 디스커버리 어린이 박물관**

그랜드 캐년

그랜드 캐년은 콜로라도강에 의해 깎인 애리조나 고원지대의 대협곡(大峽谷)이다. 콜로라도강이 동쪽 글랜 캐년댐의 리스페리로부터 446km 흘러 서쪽 미드호로 나간다. 이 구간에서 깎여 만들어진 양편 계곡이 그랜드 캐년이다. 대협곡의 깊이는 1,857m다. 계곡의 폭은 넓은 곳이 29km다. 총면적은 4,926.08㎢다. 그랜드 캐년 서쪽에 후버댐과 라스베가스가 있다.그림 107

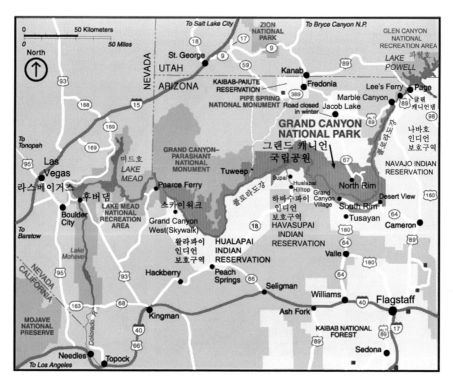

그림 107 **미국 그랜드 캐년의 약도**

대협곡 일대는 선캄브리아대부터 신생대까지 융기와 침강이 반복됐다. 이 과정에서 얕은 바다와 늪지가 조성되어 두꺼운 퇴적층이 형성됐다. 빠른 유속과 풍부한 유량은 차별침식을 강화해 대협곡을 만들었다. 신생대 때 이 지대가 3000m 이상 솟아올라 콜로라도 고원을 형성했다.그림 108

그랜드 캐년은 1919년 국립공원이 되었다. 1979년에 유네스코 세계유산으로 지정됐다. 대협곡에는 인디언 보호구역이 있다. 공원은 사우스 림, 노스 림, 협곡 자체 지역으로 구분한다. 공원 본부는 그랜드 캐년 빌리지에 있다.

그림 108 **미국 그랜드 캐년의 지층 구조**

호놀룰루

하와이(Hawaii)는 미국 본토에서 3,700km 떨어진 태평양에 있다. 폴리네시아 국가인 하와이 왕국은 카메하메하 1세가 하와이 제도의 다른 부족을 정복해 세운 왕국이다. 1778년 영국 탐험가 제임스 쿡이 이곳을 발견했다. 샌드위치 백작의 이름을 따서 샌드위치 제도라 명명했다. 1897년 미국령으로 편입되었다. 1959년 50번째 주로 승격되었다. 하와이 제도는 하와이, 카우아이, 오아후, 마우이, 니하우, 라나이, 몰로카이와 무인도 카호올라웨, 몰로키니 등의 섬과 안초로 이루어져 있다. 지명은 하와이섬에서 따왔다. 하와이 제도 중 가장 큰 섬이다. 하와이 신화의 전설적 인물 「하와이일 로아」에서 하와이라는 말이 유래했다 한다. 하와이섬은 빅 아일랜드라 부른다.그림 109

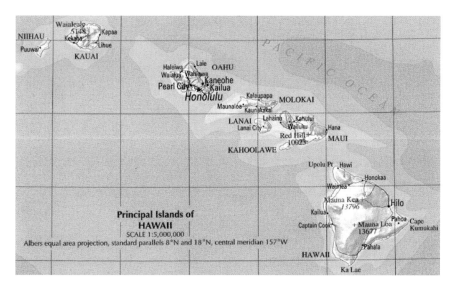

그림 109 **미국 하와이 제도**

그림 110 **미국 하와이 호놀룰루의 돌 농장과 전함 애리조나 앵커 표지판**

호놀룰루(Honolulu)는 177.2㎢ 면적에 2020년 기준으로 343,302명이 거주한다. 호놀룰루 대도시권 인구는 1,016,508명이다. 오하우섬에 있다. 호놀룰루는 '보호된 만(protected bay)'이란 뜻이다.

1800년대 호놀룰루는 고래잡이 기지였다. 1820년 뉴잉글랜드 개신교가 선교를 시작했다. 19세기 후반 파인애플과 사탕수수를 재배했다. 1851년 식품산업 돌(Dole)이 하와이에서 창업했다.그림 110 아시아계 이민자가 들어왔다. 1845년 하와이 왕국의 수도가 되었다. 1900년 하와이가 미국 영토가 되었다. 1907년 하와이 시와 카운티가 설립됐다. 1959년 하와이가 미국의 50번째 주로 승격되면서 주도가 되었다.

그림 111 **미국 하와이 호놀룰루의 와이키키 해변과 석양**

　1919년 진주만 오아후섬 모카푸 반도에 미군 해병대 기지를 세웠다. 1941년 12월 7일 일본은 진주만을 공격했다. 전함 애리조나가 침몰했다.그림 110 호놀룰루는 일본에 대항하는 연합국 기지가 되었다. 미국은 제2차 세계 대전에 참전해 승전했다. 제2차 세계 대전 이후 아시아계 주민들이 호놀룰루 정부와 산업 분야에서 지도적 역할을 했다. 1960년대 호놀룰루에 고층 아파트와 호텔이 도시 중심 지역에 세워졌다. 1970년대 이후 호놀룰루는 관광지로 성장했다.

　호놀룰루 경제는 관광, 군사, 연구 기능에 의해 운영된다. 따뜻하고 쾌적한 자연환경은 사람들을 끌어들인다. 호놀룰루에는 와이키키 해변, 와이키키 수족관, 다이아몬드 헤드, 하나우마 베이, 이올라니 궁전, USS 애리조나 기념관, 알로하 타워, 비숍 박물관, 호놀룰루 동물원, 리옹 수목원 등이 있다.

군사 활동과 관련 산업이 활발하다. 호놀룰루는 태평양 지역의 미국 군사 중심 기지다. 공군, 육군, 해군, 해병대 기지가 오아후섬에 있다. 해군 사령부인 미 태평양 함대와 수만 명의 국방부 직원이 근무한다. 군사 방위, 연구와 개발, 제조가 이뤄진다.

와이키키(Waikiki) 해변은 오아후섬의 남부 해안에 위치한다. 와이키키는 '용솟음치는 물'이란 뜻이다. 물이 풍부하다. 서쪽과 북쪽의 알라 와이 운하에서 동쪽의 다이아몬드 헤드까지 이어진다. 인공적으로 해변을 조성했다. 1951년 이래로 와이키키 해변을 복원하기 위해 모래가 추가되었다. 9월 중순부터 3월 하순까지 바다의 석양을 볼 수 있다.그림 111

그림 112 **미국 하와이 호놀룰루의 다이아몬드 헤드**

다이아몬드 헤드는 오아후 섬에 있는 화산 응회암이다. 능선의 모양이 잠치의 등지느러미 모양과 비슷하다. 인접한 해변의 방해석 결정체를 기초로 지명을 지었다.그림 112

미국 연방의 공식 언어는 없다. 미국 영어(American English)가 사실상 국어다. 2022년 미국의 GDP는 세계 1위다. 2022년 미국의 1인당 GDP는 76,027달러다. 미국 달러는 기축 통화 역할을 한다. 노벨상 수상자는 2022년 기준으로 406명이다. 2020년 미국인의 69.7%가 기독교인이다. 수도는 워싱턴 D.C.다. 뉴욕은 세계 도시다. 북동부에는 필라델피아, 보스턴이 있다. 중서부에는 시카고, 디트로이트, 미니애폴리스-세인트 폴이 있다. 남부에는 휴스턴, 댈러스와 프트워스, 애틀랜타, 샬럿, 마이애미가 있다. 서부에는 시애틀, 샌프란시스코와 베이 지역, 로스앤젤레스, 라스베가스, 그랜드 캐년, 호놀룰루가 있다.

41

캐나다

그림 1 캐나다 국기

01 캐나다 전개 과정

캐나다의 공식 명칭은 Canada다. 캐나다는 9,984,670㎢ 면적에 2022년 추정으로 38,929,902명이 거주한다. 전체 면적이 세계에서 두 번째로 크다. 미국과 8,891km의 국경선을 공유한다. 북동쪽으로 덴마크의 그린란드와 남동쪽으로 프랑스의 생피에르·미클롱과 국경을 맞대고 있다. 북극에서 817Km 떨어진 북위 82.5° 엘즈미어섬에 캐나다 군대 신호 정보 요격 시설이 있다. 캐나다는 연방 국가 체제다. 남부에 10개 주가 있고 북부에 3개 준주(準州)가 있다. 캐나다 남부의 10개 주는 온타리오, 퀘벡, 노버스코샤, 뉴브런즈윅, 매니토바, 브리티쉬 컬럼비아, 프린스 에드워드 아일랜드, 서스캐처원, 알버타, 뉴펀들랜드와 래브라도다. 캐나다 북부의 3개 준주는 노스웨스트, 유콘, 누나부트다. 캐나다는 의회 민주주의, 입헌 군주국이다.

「캐나다」라는 말은 세인트 로렌스 이로쿼이어 「카나타(Kanata)」에서 유래했다. '마을'이란 뜻이다. 1535년 원주민이 프랑스 탐험가 자크 카르티에를 만나 사용한 말이다.

캐나다 국기는 단풍잎기(Maple Leaf Flag)다. 좌우는 빨간색 바탕이다. 중앙에 흰색 정사각형이 있고 여기에 11개의 뾰족한 붉은 단풍잎이 그려져 있다. 단풍잎이 중앙에 있다. 캐나다의 상징목인 단풍나무에 핀 단풍잎이다. 좌우에 있는 빨간색은 태평양과 대서양을 의미한다. 캐나다의 왼쪽에 태평양이

오른쪽에 대서양이 있음을 나타낸다. 빨간색은 영국을, 하얀색은 프랑스를 상징한다. 단풍잎은 1868년 이래 국가적 상징이다. 국기는 1965년 채택됐다. 채택된 2월 15일은 캐나다 국기의 날이다.그림 1

캐나다의 공용어는 영어와 불어다. 1969년에 법으로 정했다. 2016년 센서스에서 영어 사용자가 58%, 불어 사용자가 21%로 조사됐다. 온타리오, 알버타, 매니토바, 서스캐처원의 공용어는 영어다. 퀘벡의 공용어는 불어다. 나머지 지역에서는 영어와 영어·불어를 함께 사용한다. 캐나다는 다인종 국가다. 인종은 유럽계 73%, 아시아계 18%, 원주민 5%, 아프리카계 3%, 라틴 아메리카계 1% 등으로 구성되어 있다. 캐나다의 원주민은 선주민(First Nations), 이누이트, 메티스다. 유럽인이 정착했을 때 이들 인구는 500,000명이었다고 추정했다.

캐나다는 캐나다 순상지, 내부 평원, 오대호-세인트로렌스 저지대, 애팔래치아 산계, 코르딜레라 산계, 허드슨만 저지대, 북극 군도의 7개 지리 지역으로 나뉜다. 캐나다에는 2,000,000개 이상의 호수가 있다. 캐나다 기후는 지역마다 다르다. 내륙과 프레리 지역은 대륙성 기후다. 비연안 지역은 눈이 많다. 북부 지역은 얼음과 영구 동토층이다. 브리티시 컬럼비아 해안은 온난하다.

1000년에 바이킹 레이프 에릭슨 탐험대가 캐나다 뉴펀들랜드의 배핀섬에 도착했다. 이들의 도착지 랑스 오 메도우에 야영지를 건설했다. 이곳은 1978년 유네스코 세계유산으로 등재됐다.그림 2 1497년 영국이, 1534년 프랑스가 캐나다를 탐험했다. 1583년 영국은 식민지 세인트존을 세웠다. 1605년 프랑스는 포트 로얄을, 1608년 퀘벡을 건립했다.

1756-1763년의 7년 전쟁에서 영국이 프랑스를 눌렀다. 캐나다는 영국 지

배에 들어갔다. 1783년 미국은 독립전쟁에서 영국을 이겼다. 미국에 살던 영국인이 대거 캐나다로 몰렸다. 1791년 퀘벡 법이 제정됐다. 「캐나다」라는 용어가 처음 쓰였다. 세인트로렌스강 상류 지역은 어퍼(Upper) 캐나다로, 하류 지역은 로어(Lower) 캐나다로 나누었다. 상류 지역은 영어권의 온타리오로, 하류 지역은 불어권의 퀘벡으로 발전했다. 1815-1850년 사이에 영국, 아일랜드, 스코틀랜드 유럽인이 캐나다에 들어왔다. 영국은 미국과 오리건 조약을 체결해 북위 49도 선을 국경선으로 정했다.

1837년 캐나다는 영국에 자치권을 요구했다. 1867년 영국령 북아메리카

그림 2 **캐나다 뉴펀들랜드의 랑스 오 메도우**

법으로 캐나다 자치령(Dominion)이 설립됐다. 1881년 캐나다 태평양 철도가 건설됐다. 서부가 개척되면서 토착 원주민은 보호구역으로 옮겼다.

1931년 웨스터민스터 헌장을 통해 영국으로부터 독립했다. 1939년 제2차 세계 대전에 참여했다. 나치를 피해 온 네덜란드 왕가에게 망명지를 제공했다. 1962년 캐나다 횡단 고속도로가 개통됐다. 1971년 다문화주의 정책을 채택했다. 1982년 캐나다법으로 국명을 캐나다 자치령에서 캐나다로 변경했다.

캐나다 경제는 혼합 시장 경제다. 캐나다의 주요 산업은 광업, 제조업, 석유산업, 금융업 등이다. 자원 부국이다. 석유, 천연가스, 칼륨, 우라늄, 철광석, 석탄, 연목재, 수력 등은 세계 최상위권이다. 2017년의 경우 보험업 매뉴라이프, 캐나다 전력 공사, 자동차업 마그나 인터내셔널, 소매업 조지 웨스턴 리미티드, 캐나다 왕립은행 등의 기업이 높은 수익을 올렸다. 2022년 캐나다 1인당 GDP는 57,406달러다. 노벨상 수상자는 28명이다. 도시간 교통수단은 항공이다. 에어 캐나다와 웨스트제트 항공사가 있다. 대한민국과는 대한항공과 에어 캐나다 2개 항공사가 운영된다.

캐나다 종교는 2019년 기준으로 기독교 63.2%, 이슬람교 3.7%, 힌두교 1.7%, 불교 1.4%, 유대교 1.0% 등으로 집계됐다. 2011년 조사에서는 가톨릭 39%, 개신교 24.1%, 정교회 1.7%, 기타 기독교 2.5% 등 기독교가 67.3%였다.그림 3 캐나다의 문화는 영국, 프랑스, 토착 문화의 영향을 받았다.

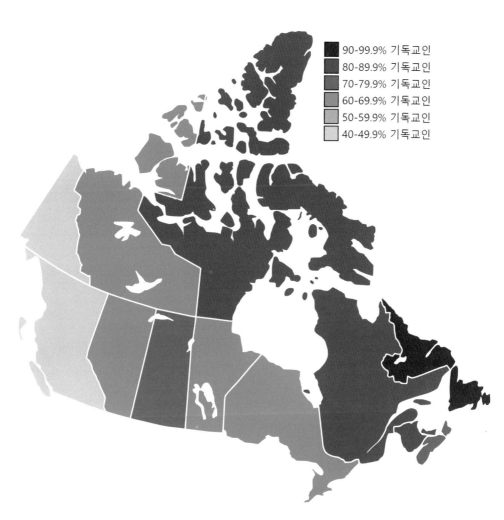

그림 3 2011년 캐나다의 기독교인 분포

그림 4 캐나다의 수도 오타와와 오타와강

02 수도 오타와

오타와는 캐나다의 수도다. 오타와강과 리도강의 합류 지점에 입지했다. 주요 수로는 온타리오와 퀘벡의 지역 경계선을 이룬다. 2021년 기준으로 2,790.30㎢ 면적에 1,017,449명이 거주한다. 오타와 대도시권 인구는 1,488,307명이다. 캐나다 정치 중심지다. 캐나다 의회, 대법원, 캐나다 총독 관저, 총리 관저, 행정부처, 외국 대사관, 정부 관련 기관과 조직이 있다.그림 4

Ottawa(오타와) 지명은 1855년에 오타와강의 이름을 따서 지었다. '교역하다'라는 뜻이다. 알곤킨족 언어로 오타와는 Odàwàg로 표기한다.

오타와에는 알곤킨 부족이 살았었다. 1826년 영국 군인 바이(By) 대령이 정착지 바이타운(Bytown)을 설립했다. 오타와강 남쪽 리도 운하 인근이었다. 리도 운하 서쪽에 「어퍼 타운」을, 운하 동쪽에 「로어 타운」을 만들었다. 어퍼 타운은 영어를 쓰는 개신교도가, 로어 타운은 불어를 사용하는 가톨릭 교도가 많았다. 1855년 바이타운은 오타와로 개명됐다.

1857년 오타와는 캐나다의 수도가 되었다. 선정 요인은 두 가지였다. 첫째는 방어다. 오타와는 캐나다-미국 국경에서 멀리 떨어져 있다. 더욱이 울창한 숲으로 둘러싸여 있고 절벽 면에 위치해 공격으로부터 방어에 유리했다. 둘째는 지리적 위치다. 오타와는 토론토, 몬트리올, 퀘벡 사이의 중간에 있다.그림 4 오타와는 오타와강을 통해 몬트리올로, 리도 수로를 통해 킹스턴으로 갈 수 있다. 1854년 개통된 철도로 세인트 로렌스강과 프레스콧까지 연결됐다. 1886년에는 대륙횡단 철도와 연계됐다. 오타와는 1867년 캐나다 자치령의 수도가 됐다. 1931년 영국으로부터 독립한 캐나다의 수도 역할을 했다. 제2차 세계 대전 이후 도시가 팽창했다.

    1867년 세운 국회의사당은 중앙 잔디밭의 3면 주위에 배치된 3개의 건물로 구성되어 있다. 상원과 하원이 있다. 남쪽 정면에 평화의 탑이 있다. 건물 뒤쪽에 국회 도서관이 있다. 고딕 리바이벌 양식이다.그림 5

그림 5 **캐나다 오타와의 국회의사당**

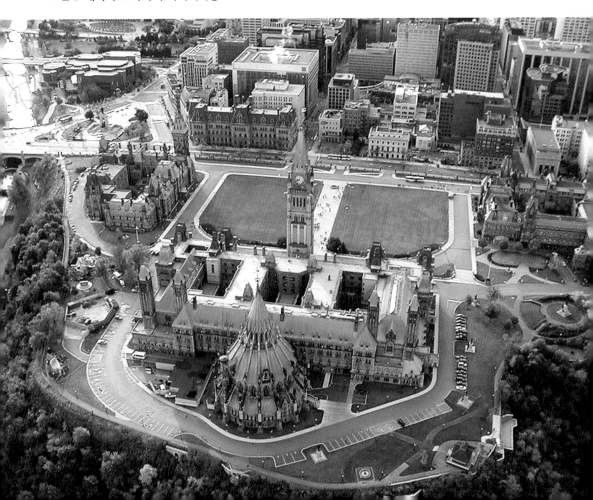

그림 6 **캐나다 오타와 건너편 퀘벡 가티노의 캐나다 역사 박물관**

오타와 시청은 두 곳이다. 하나는 1990년에 지은 현대식 건물 본관이다. 다른 하나는 1875년에 세운 헤리티지 빌딩이다. 두 곳 사이에 시장, 시의회 의원, 위원회 사무실 등이 있다. 헤리티지 빌딩은 1974년에 캐나다 국립 사적지로 지정됐다.

캐나다 역사 박물관은 오타와 건너편 퀘벡 가티노에 있다. 1989년에 현재 위치로 옮겼다. 인류학, 캐나다 역사, 문화 연구, 민족학에 관한 국립 박물관이다. 컬렉션은 3,000,000개 이상이다. 1856년에 세웠다. 캐나다 국립 박물관, 캐나다 문명 박물관이었다. 2013년 캐나다 역사 박물관으로 바꿨다.그림 6

그림 7 캐나다의 토론토와 토론토 로고

03 토론토

토론토는 온타리오주의 주도(州都)다. 온타리오호의 서북부에 있다. 2021년 기준으로 243.32㎢ 면적에 2,794,356명이 거주한다. 광역 토론토 인구는 6,712,341명이다. 토론토는 냉대 습윤 기후다.그림 7

Toronto는 트카론토(Tkaronto)에서 유래했다. '물 속에 나무들이 서있는 장소'란 뜻이다. 토론토 북부의 쿠치칭호와 심코호 사이의 좁은 물길을 「트카론토」라 말했다. 이 물길의 프랑스어는 「Lac Taronto」다. 영어로는 「Lake Toronto」라 표현된다.

토론토에 수세기 동안 이로쿼이 부족이 살았었다. 프랑스가 1750년 루이 요새를 세웠다. 영국은 1793년 요크를 설립했다. 요크는 1834년 토론토로 이름이 바뀌었다. 1954년 메트로폴리탄 토론토로 확장됐다. 1998년 올드 토론토, 요크 등 6개의 지자체를 포함한 오늘날의 토론토가 형성됐다. 19세기 후반 이후 이민법 시행으로 유럽인과 유대인이 들어왔다. 이들은 베이 스트리트(Bay Street)에 정착했다. 1934년 토론토 증권거래소가 생기면서 토론토가 발전했다. 1939년에 피어슨 공항이 개항했다. 1960년대 후반에 이민을 개방해 인구가 격증했다.

토론토에는 금융, 미디어, 도소매, 영화, 기술, 부동산 산업이 활성화되어 있다. 토론토 금융 기관은 베이 스트리트에 밀집해 있다. 뉴욕의 월 스트리

그림 8 **캐나다 토론토의 금융지구 베이 스트리트**

트에 비교된다. 몬트리올 은행(1817년 설립), 노바스코샤 은행(1832), 캐나다 왕
립 은행(1864), 토론토 도미니언 은행(1955), 캐나다 제국 상업 은행(1961)의 본
부가 있다.그림 8 토론토에는 미디어 로저스 커뮤니케이션즈(1935년 설립), 토르
스타(1958), 벨 미디어(1960) 기업이 있다. 광역 토론토 지역에는 소매업 허드
슨 베이(1670), 금융 선라이프(1865)와 매뉴라이프(1887), 자동차 마그나 인터내
셔널(1957), 전자 셀레스티카(1994) 기업이 있다. 2009년에 문을 연 파인우드
토론토 스튜디오는 영화와 텔레비전 제작 복합 시설이다.

토론토에는 높이 30m가 넘는 건물이 1,800여 개가 있다. 중심 지역에 고
층 아파트와 상업용 오피스 타워가 함께 있다. 2000년대에 들어서 증축과 재
건축이 진행됐다. 매년 5월 도어 오픈(Doors Open) 토론토 행사를 열어 100여
개 건물의 내부를 공개한다.

그림 9 캐나다 토론토의 CN 타워, 방송 안테나, 메인 포드

그림 10 **캐나다 토론토의 카사 로마와 하키 명예의 전당**

CN 타워는 높이 553.3m의 통신 관측 타워다. 안테나 첨탑은 96.1m다. 1976년 옛날 철도 부지 위에 지었다. CN은 타워를 건설한 철도 회사 Canadian National의 이니셜이다. 방송 안테나, 메인 포드, 여러 개의 전망대, 350m 높이의 회전식 레스토랑, 엔터테인먼트 시설이 있다.그림 9

카사 로마(Casa Loma)는 고딕 리바이벌 양식의 맨션이다. 1911-1914년까지 금융인 거주지로 건설됐다. 해발 140m, 온타리오 호수 위로 66m 높이에 지었다. 1937년 박물관으로 바뀌었다. 전시회, 예식장, 촬영지 등으로 활용된다.그림 10

캐나다의 공식 국가 스포츠는 아이스하키와 라크로스다. 현대적인 형태의 아이스 하키는 19세기 후반에 캐나다에서 시작됐다. 어린이, 남성, 여성이 참여하는 캐나다의 국민 스포츠다. 하키 명예의 전당은 아이스하키 선수, 팀, 내셔널 하키 리그, 스탠리 컵, 트로피를 전시한다. 1943년 설립됐다.그림 10

온타리오 미술관은 토론토에 있는 미술관이며 박물관이다. 미술관의 건물 단지는 45,000㎡다. 1900년 토론토 미술관으로 설립됐다. 1966년 온타리오 미술관으로 변경했다. 박물관의 영구 컬렉션에는 1세기부터 현재까지 120,000점이다. 캐나다, 원주민, 이누이트, 아프리카, 유럽, 해양 예술가의 작품이 포함되어 있다. 전시 공간 외에 스튜디오, 도서관, 기록 보관소, 극장, 강의실, 연구 센터, 작업장 등이 있다.그림 11

그림 11 **캐나다 토론토의 온타리오 미술관**

나이아가라 폭포

나이아가라강은 미국과 캐나다 양국의 국경을 이룬다. 미국 쪽은 뉴욕주 나이아가라 폴스다. 캐나다 쪽은 온타리오주의 나이아가라 폴스다. 나이아가라 폴스는 쌍둥이 도시다. 1941년에 만든 레인보우 다리가 연결해 준다. 나이아가라강은 이리호에서 흘러나와 온타리오호로 들어간다. 흘러 들어가는 길목에 나이아가라 폭포가 형성되어 있다. 폭포 이름은 '천둥같은 물'의 뜻인 아메리카 원주민어 Ongiara에서 유래했다 한다.그림 12

그림 12 **미국과 캐나다의 국경 나이아가라 폭포**

그림 13 **나이아가라 아메리칸, 브라이덜 베일, 호스슈 폭포**

　나이아가라 폭포는 두 개의 큰 폭포와 1개의 작은 폭포로 구성되어 있다. 두 개의 큰 폭포는 염소(Goat)섬을 경계로 캐나다 폭포인 호스슈(Horseshoe, 말발굽) 폭포와 미국 폭포인 아메리칸(American) 폭포로 나뉜다. 작은 폭포는 미국 폭포인 브라이덜 베일(Bridal Veil) 폭포다. 이 폭포는 루나(Luna)섬을 경계로 왼쪽의 아메리칸 폭포와, 염소섬을 경계로 오른 쪽의 호스슈 폭포와 분리된다. 호스슈 폭포는 높이 51m, 너비 820m다. 아메리칸 폭포는 높이 34m, 너비 290m다. 브라이덜 베일 폭포는 높이 55m, 너비 17m다. 1800년대 이후 나이아가라 폭포는 관광과 수력발전에 활용되고 있다.그림 13

　나이아가라 폭포 지형은 10,000년 전 위스콘신 빙하 작용으로 만들어졌다. 빙상이 후퇴하면서 빙하가 녹은 물이 분지를 채워 오대호를 비롯한 호수가 조성됐다. 상류의 오대호는 나이아가라강으로 흘러 들어갔다. 암석의 단단함에 따라 침식 정도가 달라졌다. 나이아가라 폭포는 원래 형성됐던 곳으로부터 마루의 침식에 의해 10.9km 후퇴했다. 말발굽 폭포는 침식으로 작은 아치에서 말발굽 형태로 변해 왔다.

그림 14 캐나다 밴쿠버의 다운타운과 예일타운 구역

04 밴쿠버

밴쿠버는 브리티시컬럼비아 남서부에 있다. 911.64㎢ 면적에 2021년 기준으로 662,248명이 거주한다. 광역 밴쿠버 인구는 2,642,825명이다.

밴쿠버 도시명은 1792년 이곳을 탐험한 영국인 조지 밴쿠버(Vancouver)의 이름에서 따왔다. 밴쿠버의 조상은 네덜란드 사람이다.

밴쿠버는 「이웃의 도시」라고 말한다. 언어 사용이 다양하다. 유럽어 46.2%, 중국어 27.0%, 남아시아어 6.0%, 필리핀어 5.9% 등이 사용된다. 2011년의 경우 공식적으로 87.2%가 영어를, 0.1%가 불어를, 7.2%가 영어와 불어를 사용한다고 조사됐다. 인종 구성도 다양하다. 2016년 기준으로 유럽계 46.2%, 동아시아계 30.2%, 동남아시아계 8.7%, 남아시아계 6.0% 등으로 조사됐다.

밴쿠버에는 8000년 전부터 사람이 살기 시작했다. 1865년 영국인이 제재소를 지었다. 골드 러시 때 중국인이 들어와 차이나타운을 만들었다. 1886년 그랜빌이 밴쿠버에 합병되고, 도시 이름이 밴쿠버로 개명됐다. 1881년부터 철도가 운행됐다. 20세기 초반에 연어 가공업과 목공업이 이뤄졌다. 1904년 그레이트 노던 철도가 밴쿠버와 미국 도시를 이었다. 1914년에 파나마 운하가 열리면서 북아메리카 동부와 유럽이 연결됐다. 목재와 곡물이 운송됐다. 제2차 세계 대전 때 조선업과 자원 공급업이 발달했다. 제2차 세계 대전 이후 웨스트 엔드 지역과 다운타운에 아파트, 오피스, 쇼핑 시설이 들어섰다. 1967년에 광역 밴쿠버가 지정됐다. 1969년 밴쿠버에서 환경운동단체 그린 피스가 설립됐다. 1986년 세계 박람회, 1997년 APEC 연차총회, 2006년 유엔 해비타트 회의, 2010년 동계 올림픽이 개최됐다.

밴쿠버의 경제는 무역과 영화 TV 산업이 활성화되어 있다. 밴쿠버 항구는 캐나다의 관문 항구다. 해외 수출액, 화물량이 최상위다. 광물, 임산물이 수출된다. 영화와 텔레비전은 밴쿠버 동쪽 13km 떨어진 버나비 브리지 스튜디오에서 제작된다. 밴쿠버는 「할리우드 노스」라 불린다. 유려한 자연 경관, 세금 공제 혜택 등이 영화 제작을 지원한다. 밴쿠버에서는 소프트웨어, 전자 상거래 등의 기술 부문이 성장하고 있다. 넷기어, 삼성, IBM, 마이크로소프트, 세이지, 아마존 등 외국 기업이 들어와 있다. 비디오 게임 클러스터 엘렉트로닉 아츠가 있다.

다운타운 밴쿠버에는 3.7㎢ 면적에 62,030명이 거주한다. 금융, 비즈니스 오피스, 고층 아파트, 콘도미니엄이 집중되어 있다. 리빙 샹그릴라는 밴쿠버의 최고층 빌딩이다. 호텔, 오피스, 콘도미니엄 아파트로 사용되는 복합 건물이다. 2008년에 높이 200.86m 62층으로 지었다. 예일타운, 석탄항구, 그랜빌 몰, 엔터테인먼트 지구, 개스타운, 차이나타운 등이 있다. 예일타운은 창고가 있던 곳을 재활성화시킨 지역이다. 고층 아파트와 콘도미니엄이 혼합된 중산층 주거지다. 석탄 항구는 항구 지구였다. 주거와 비즈니스 지역으로 재개발했다. 고소득층 주거지가 되었다. 차이나타운은 광둥어를 구사하는 중국계 캐나다인과 홍콩에서 이민자로 구성되는 화교가 많아 「홍쿠버」로 불린다. 2011년 캐나다 국립사적지로 지정됐다.그림 14

그림 15 **캐나다 밴쿠버의 사이언스 월드**

사이언스 월드는 밴쿠버에 있는 과학 센터다. 1986년 세계 박람회를 위한 엑스포 센터로 사용했던 건물이다. 엑스포가 끝난 후 과학 박물관으로 용도 변경해 1989년 개원했다. 다양한 주제에 걸친 내용을 전시한다. 과학 센터에 접근할 수 없는 학교와 지역 사회에서 워크숍을 실시한다.그림 15

그림 16 **캐나다 밴쿠버 스탠리 공원의 토템**

1888년에 조성된 스탠리 공원을 위시한 180개 이상의 도시공원과 자연림은 밴쿠버의 주요 방문지다. 스탠리 공원 브록톤 포인트에 토템 기둥이 세워져 있다. 토템 기둥은 1920년대부터 조성됐다.그림 16

부차드(Butchart) 가든은 밴쿠버섬에 있는 꽃 정원이다. 밴구버에서 남서쪽으로 100여km 떨어져 있다. 석회석 채석장이었다. 광물이 고갈되어 정원으로 개조해 1921년 문을 열었다. 선큰 가든, 이탈리아 정원, 로즈 분수, 철갑상어 분수, 별의 연못 등이 있다. 2004년 100주년이 되면서 캐나다 국립 사적지로 지정됐다.그림 17

그림 17 **캐나다 밴쿠버섬의 부차트 가든**

그림 18 캐나다 몬트리올

05 몬트리올과 퀘벡

몬트리올

몬트리올은 431.50㎢ 면적에 2021년 기준으로 1,762,949명이 거주한다. 광역 몬트리올 인구는 4,291,732명이다. 몬트리올은 몬트리올섬, 비자르섬, 몇 개의 작은 섬들로 구성됐다.

몬트리올 지명은 루아얄산(Mont-Royal, Mount Royal)에서 유래했다. '왕(royal, réal)의 언덕(mont)'이라는 뜻이다. 불어로는 몽루아얄, 몽레알이라 읽는다. 세 개의 봉우리로 이루어진 루아얄산은 도시 중심부에 있다.그림 18

몬트리올의 공용어는 불어다. 2016년 기준으로 불어 사용자는 87.4%였다. 가정에서는 61.2%가 불어를, 23.1%가 영어를 썼다.

몬트리올섬에 5000년 전부터 원주민이 살았었다. 1535년 프랑스인 카르티에는 오슐라가 원주민 마을을 확인했다. 1611년 샹플랭은 몬트리올섬에 모피 무역소를 설치했다. 1642년 몬트리올섬에 빌마리(Ville-Marie) 정착지가 세워졌다. 빌마리는 '마리아의 도시'란 뜻이다. 1669년 라실 정착지가 세워졌다. 1701년 프랑스는 원주민과 평화 협정을 맺었다. 1763년 7년 전쟁에 패해, 몬트리올은 프랑스령에서 영국령으로 바뀌었다. 1535–1763년 사이에 캐나다는 프랑스 식민지 누벨 프랑스의 일부였다.

그림 19 **캐나다 몬트리올의 몬트리올 은행과 플레이스 빌 마리**

　　미국 독립 전쟁 이후 왕당파가 들어왔다. 몬트리올은 영어권 개신교와 불어권 가톨릭의 공존 지역이 됐다. 19세기 초반 몬트리올 경제는 산업 혁명과 더불어 대량 생산과 운수업으로 성장했다. 1825년 라신 운하가 개통됐다. 오대호와 대서양이 용이하게 연결됐다. 1880년 캐나다 태평양 철도 본사가 몬트리올에 자리를 잡았다. 1883-1918년까지 몬트리올 시역이 넓혀졌다. 1967년 세계박람회가 개최됐다. 북미 산업 중심지가 미국 중서부와 온타리오주 남부로 이동했다. 물류 수송이 수로에서 트럭 도로교통으로 바뀌었다. 몬트리올의 물류 수송 허브 역할이 줄어들었다.

몬트리올 경제는 교통, 제조업, 금융이 중심이다. 몬트리올은 오대호와 내 서양 사이를 다니는 선박의 기항지다. 세인트로렌스강을 통해 1,600km 떨어져 있는 대서양과 연계된다. 캐나다 내셔널 철도 본부가 있다. 대서양과 태평양으로 화물을 운반한다. 1937년에 설립한 에어캐나다 본사가 있다. 광역 몬트리올 지역에는 비행기 부품, 통신 기구 등을 생산한다. 1817년 몬트리올 은행 본사가 설립됐다. 1977년 운영 본부와 집행 사무소는 토론토로 옮겼다.그림 19 1874년 몬트리올 증권 거래소가 문을 열었다. 주식 거래는 1999년부터 토론토에서 이뤄졌다.

몬트리올 다운타운에는 기업 본부와 고층 빌딩이 밀집해 있다. 건물의 층고는 루아얄산 높이 233m보다 낮도록 했다. 「1000 드 라 고셰티에르 빌딩」은 205m 51층이다. 「1250 르네 레베스크 빌딩」은 226.5m 47층이다. 두 건물은 1992년에 지은 오피스 빌딩이다. 1982년부터 파생상품을 다루는 몬트리올 거래소가 입지해 있다. 프레이스 빌 마리는 4개의 사무실 건물과 지하 쇼핑 플라자로 구성된 빌딩이다. 188m 47층의 십자형 오피스 타워다. 이곳의 케나다 왕립 은행은 본부 역할을 한다. 지하철역, 교외 교통 터미널, 시내 전역으로 확장되는 몬트리올 지하 도시와 연결된다.그림 19 언더그라운드 네트워크는 몬트리올의 긴 겨울 동안 유용하게 활용된다.

캐나다의 문화 수도다. 상업, 예술, 문화가 발달했다. 몬트리올의 별칭은 「아름다운 도시」다. 「북미의 파리」라고 불린다. 각국의 영사관, 국제 민간 항공 기구 본부가 있다. 2006년 유네스코 디자인 창의도시로 선정됐다. 1967년 세계박람회, 1976년 하계 올림픽을 개최했다. 1978년부터 포뮬러 원 캐나다 그랑프리를 주최한다. 몬트리올 세계 재즈 축제 등이 열린다.

2011년 기준으로 전체 인구의 65.8%가 기독교인이다. 이 중 가톨릭이 52.8%다. 몬트리올은 교회의 수가 많아 「100개의 첨탑이 있는 도시」로 불린다. 다르메 광장에 있는 노트르담 대성당은 1829년에 지은 가톨릭 성당이다. 교회 내부는 고딕 리바이벌 건축 양식이다. 1891년에 제작된 파이프 오르간은 전자기 작용과 조정이 가능하다. 7,000개의 개별 파이프와 페달 보드를 사용한다. 1989년 캐나다 국립사적지로 지정됐다.그림 20

그림 20 **캐나다 몬트리올의 노트르담 대성당과 파이프 오르간**

그림 21 **캐나다 몬트리올의 바이오스피어**

바이오스피어(Biospere)는 환경 전용 박물관이다. 1967년 개장한 EXPO 67의 구성 요소로 지었다. 다양한 색상으로 조명한다. 2022년 세계 환경의 날에는 녹색 조명을 밝혔다. 1976년 화재로 1990년까지 폐쇄했다. 1995년 재개관했다. 2007년 환경 박물관으로 이름을 바꿨다. 물, 기후 변화, 공기, 생태 기술, 지속 가능한 개발과 관련된 환경 문제를 다룬다.그림 21

태양의 서커스는 1984년 퀘벡의 거리 공연에서 시작됐다. 본부는 몬트리올에 있다. 동물이 나오지 않는다. 연극적이고 캐릭터 중심의 현대 서커스다. 공연자 일부는 프로 운동 선수 출신이다. 6개 대륙 300개 이상의 도시에서 공연했다. 2002년 캐나다 명예의 거리에 헌액되었다. 알레그리아(Alegría)는 1994년 만든 태양의 서커스 투어 프로덕션이다. 알레그리아는 스페인어로 '기쁨'을 뜻한다.그림 22

그림 22 **캐나다 몬트리올의 「태양의 서커스」 큰탑**(grand chapiteau)

퀘벡

퀘벡은 퀘벡주의 주도다. 2021년 기준으로 485.77㎢ 면적에 549,459명이 거주한다. 퀘벡 대도시권 인구는 839,311명이다. 여름은 따뜻하며 겨울은 춥고 눈이 내린다. 불어 도시명 Québec은 알곤퀸 단어 Kébec에서 유래했다. '강이 좁아지는 곳'이란 뜻이다. 세인트로렌스강이 퀘벡 곶 근처에서 좁아진다. 1985년 「올드 퀘벡의 역사 지구」가 유네스코 세계문화유산으로 등재됐다.

1535년에 카르티에가 이곳에 들어왔다. 1608년 샹플랭이 프랑스 정착지를 세웠다. 퀘벡은 프랑스령 누벨 프랑스와 영국령 로어 캐나다의 식민지 수도였다. 이런 연유로 퀘벡은 오래된 수도(la vieille capitale)라 불린다. 누벨 프랑스 회사는 1627년 세운 「100인의 회사」였다. 북미 모피 무역과 프랑스 식민지를 확장하기 위해 세운 회사다. 프랑스 가톨릭을 누벨 프랑스에 정착시

그림 23 캐나다 퀘벡의 누벨 프랑스 회사 건물

그림 24 **캐나다 퀘벡의 샤토 프롱트낙 호텔**

키려 했다. 1663년 누벨 프랑스를 프랑스 속주로 편입시킨 루이 14세에 의해 해산됐다.그림 23 1763년 파리 조약으로 퀘벡은 영국령이 되었다. 1820년 영국은 미국의 공격에 대비해 퀘벡 시타델을 건설했다. 시타델은 1871년까지 영국군 주둔지로 남았다. 2001년 이후 퀘벡은 건강 생명, 제조, 금융 분야에서 발전하고 있다. 2008년 퀘벡시는 설립 400주년을 기념해 축하 행사를 벌였다. 2011년 퀘벡항은 밴쿠버 다음으로 많은 화물을 처리하는 항구로 성장했다.

샤토 프롱트낙은 샤토에스크 스타일의 호텔이다. 호텔 이름은 누벨 프랑스 총독 프롱트낙의 이름을 따서 지었다. 80m 높이의 18층이다. 캐나다 태평양 철도에서 건설한 호텔이다. 1993년까지 세 차례 확장했다. 퀘벡의 랜드마크다. 1981년 캐나다 국립 사적지로 지정됐다.그림 24

캐나다의 공용어는 영어와 불어다. 캐나다 경제는 혼합 시장 경제다. 캐나다의 주요 산업은 광업, 제조업, 석유산업, 금융업 등이다. 2022년 캐나다 1인당 GDP는 57,406달러다. 노벨상 수상자는 28명이다. 2019년 기준으로 기독교가 63.2%다. 오타와는 캐나다의 수도다. 토론토는 경제 중심지다. 토론토 인근에 나이아가라 호스슈 폭포가 있다. 밴쿠버는 캐나다의 관문 항구 도시다. 몬트리올은 문화 수도다. 퀘벡은 오래된 수도라 불린다.

42

브라질 연방 공화국

그림 1 브라질 연방 공화국 국기

브라질 전개 과정

브라질의 공식 명칭은 브라질 연방 공화국이다. 브라질 포르투갈어로 República Federativa do Brasil라 표기한다.「헤푸블리카 페데라치바 두 브라지우」라 읽는다. 브라질에는 8,515,767㎢ 면적에 2022년 추정으로 217,240,060명이 거주한다. 수도는 브라질리아다. 브라질은 UN 창립국이다. G20, BRICS, 미주 기구의 일원이다.

1500년 이후 이곳은 베라크루즈(진정한 십자가)의 섬, 산타크루즈(성스러운 십자가)의 땅, 브라질로 불렀다. Brazil이란 이름은 brasilwood(브라질나무)에서 유래했다. 브라질나무는 붉은 색 염료로 쓰인다. 브라질나무는 '붉은 나무'라는 뜻의 pau-brasil(파우 브라질)이라 했다. 브라질나무가 자라는 곳을 Terra do Brasil(브라질의 땅)이라 불렀다. 줄여서 Brasil이라 말했다. 이 말이 나라 이름이 됐다. 포르투갈어는 Brasil이고, 영어는 Brazil이다.

브라질 국기는 A Auriverde(아 아우리베르데)라 한다. A는 정관사다. Auri는 노란색을, verde는 초록색을 뜻한다. 초록색 바탕, 노란색 마름모, 파랑색 원, 흰색 띠가 그려져 있다. 초록색은 농업과 삼림을, 노란색은 광업과 자원을, 파란색 원은 리우데자네이루의 하늘을 상징한다. 흰색 띠에는 ORDEM E PROGRESSO라는 문구가 있다. '질서와 진보'라는 뜻이다. 별은 브라질을 구성하는 연방 단위다. 1989년에는 21개였으나, 1992년에 27개로 늘었다. 2022년 기준으로 연방 단위는 26개 주와 1개 연방 지구다.그림 1

브라질의 공용어는 포르투갈어다. 포르투갈어 사용자가 98%다. 스페인어, 영어도 쓰인다. 인종 구성은 2010년 기준으로 브랑코스(백인) 47.7%, 파르도스(혼혈) 43.1%, 프레토스(흑인) 7.6%, 아마렐로스(아시아) 1.1%, 원주민 0.4%다.

브라질의 면적은 남아메리카 대륙의 거의 절반이다. 아마존 열대우림이 있다. 브라질은 대서양에 접하고 있다. 브라질에서 가장 높은 지점은 브라질-베네주엘라 국경에 있는 피코 다 네블리나다. 높이가 2,995m다. 브라질 대부분은 열대성 기후다. 남쪽은 온화하다. 아마존강은 나일강 다음으로 넓고 긴 강이다. 아마존강은 열대우림 대부분의 배수 역할을 한다. 파라나강은 브라질에서 발원한다. 파라과이와 아르헨티나의 국경을 형성한다.

1500년 포르투갈 탐험가 Cabral(카브랄)이 포르투 세구루에 상륙했다. 세그루는 1968년에 브라질 국가역사유산으로 지정됐다. 포르투갈은 식민지의 수도를 바이아의 살바도르로 정했다. 살바도르는 1534-1763년 기간에 수도였다. 2020년 기준으로 693㎢ 면적에 2,886,698명이 거주한다.그림 2

포르투갈은 브라질에 기독교를 전파했다. 파우 브라질을 수출했다. 파우 브라질이 고갈되자 사탕수수를 재배했다. 16-18세기 동안 fazenda(파젠다) 농장에서 생산됐다. 1690년대 금이 발견됐다. 브라질 골드 러시가 일어났다. 브라질의 중심이 남서부로 이동했다. 1763년 리우데자네이루가 식민지 수도가 됐다. 18세기 동안 포르투갈인들은 금을 캐러, 대거 브라질로 이주했다.

1807년 스페인과 나폴레옹이 포르투갈을 위협했다. 이에 포르투갈은 왕실을 리스본에서 리우데자네이루로 옮겼다. 1814년 이베리아 반도 전쟁이 끝났다. 1815년 포르투갈, 브라질, 알가르베 왕국을 망라하는 다대륙 연합 왕국이 세워졌다. 포르투갈 왕실은 본국으로 돌아갔다. 1822년 브라질에 남아 있던 포르투갈의 페드루 왕자는 브라질의 독립을 선언했다. 그는 브라질 제국의 첫 번째 황제인 페드루 1세로 등극했다. 1841년 페드루 2세가 즉위했다. 1888년 『황금법』으로 노예제가 폐지됐다.

1889년 군사 쿠데타로 브라질 제국은 대통령제 공화국으로 바뀌었다. 공화국이 세워진 11월 15일은 국경일이 되었다. 커피재배와 목축업이 발달했다. 1964-1985년 기간에 권위주의적 군부가 집권했다. 1960년 국토 균형발전을 위해 리우데자네이루에서 브라질리아로 수도를 옮겼다. 1985년 민정(民政)이 들어섰다. 브라질은 민주주의 연방 공화국으로 변모했다.

그림 2 **브라질의 첫번째 수도 살바도르**

브라질 경제는 라틴 아메리카에서 가장 큰 규모다. 혼합 경제다. 2022년 브라질의 명목 GDP는 세계 12위다. 1인당 GDP는 8,857달러이다. GDP 구조는 서비스업 63%, 산업 18%, 농업 6%다. 철광석, 니오븀, 석유 화학, 펄프, 자동차 등의 광업과 제조업이, 설탕, 커피, 면화 등의 농업이 활성화되어 있다. 관광 산업이 발달했다. 생리 의학 노벨상 수상자가 1명 있다.

브라질의 종교는 2020년 설문에서 가톨릭 50%, 개신교 31% 등 기독교가 81%로 조사됐다. 브라질은 삼바와 카니발의 본고장이다. 축구 강국이다. 보사노바 음악이 시작된 나라다. 유네스코 세계문화유산이 22개다.

02 수도 브라질리아

브라질리아(Brasília)는 브라질의 수도다. 1956년 국토 내륙 개발을 위해 건설됐다. 높이 1,172m 지역에 세워졌다. 2017년 기준으로 5,802㎢ 면적에 3,039,444명이 거주한다. 브라질리아 대도시권 인구는 4,291,577명이다. 124개 외국대사관이 있다.그림 3

　브라질의 수도는 살바도르(1534-1763), 리우데자네이루(1763-1960), 브라질리아(1960-현재)로 바뀌어 왔다.

　브라질리아 건설은 1956년 당선된 대통령 쿠비체크가 본격 추진했다. 1960년에 행정기관을 이전했다. 브라질리아는 계획 도시다. 도시 형태는 코스타가 만들었다. 비행기 모양이다. 건축은 오스카 니마이어와 카르도조가, 조경은 막스가 주관했다. 동서축은 행정기관의 기념비적 축이다. 기념비적 축 동쪽 끝에 삼권광장을 배치했다. 대통령관저, 국회의사당, 대법원이 3각형을 이룬다. 동쪽 끝에 파라노아(Paranoá) 인공호수를 팠다. 비행기의 날개에 해당하는 남북축은 주거단지다. 두축이 교차하는 지점에 업무시설이 있다. 브라질리아 곳곳에 여가와 숙박 시설을 다양하게 배치했다. 모더니즘 건축과 예술적 도시 계획으로 1987년 유네스코 세계문화유산으로 등재되었다.그림 4, 5

그림 3 브라질의 수도 브라질리아

그림 4 브라질 수도 브라질리아의 항공 사진과 삼권광장

그림 5 브라질리아의 동서축과 남북축 도시 구조

그림 6 **브라질리아의 버스 통근자**

브라질리아의 주요 교통 수단은 항공기와 장거리 버스다. 1957년에 개항한 브라질리아 국제공항이 있다. 기차역은 화물열차 용도로 활용된다. 도시 건설에 종사했던 인력이 브라질리아 주변 위성도시에 거주하게 되었다. 브라질리아에 일자리가 창출되면서 브라질리아와 주변지역에 인구가 모였다. 도시내 이동은 자동차 위주로 짜여 있다. 보행자 친화도시가 아니다. 주변 지역에서 중심도시로의 통근은 시외버스가 담당한다. 2001년 브라질리아 연방 지구 지하철이 개통되어 브라질리아 대도시권 이동이 보다 편해졌다.그림 6

그림 7 **브라질리아 대성당과 종탑**

　브라질리아는 정치 행정 기능외에 건설, 식품, 의약품, 목재 산업이 활성
화되어 있다. 갖가지 축제와 국내외 다채로운 행사가 연중 내내 진행된다.
　브라질리아 대성당은 로마 가톨릭 대성당이다. 공식 명칭은 「아파레시다
의 성모 마리아 대성당」이다. 1970년 완공했다. 외관은 각각 무게가 90톤인
16개의 콘크리트 기둥으로 구성된 쌍곡면 구조. 이 기둥은 하늘로 올라가
는 두 손을 나타낸다. 유리 지붕이 하늘을 향해 열려 있는 형상이다. 지상에
는 대성당 지붕, 세례당의 타원형 지붕, 종탑이 있다. 대성당의 대부분은 지
하에 있다.그림 7

그림 8 **브라질리아의 대통령 관저와 집무실**

대통령 관저는 팔라시오 다 알보라다(Palácio da Alvorada)라 한다. 1958년 지었고 2004-2006년에 복원했다. 파라노아 호수 가장자리에 있다. 지상 2층 지하 1층이다. 브라질 국립 역사유산으로 등재됐다. 거주지와 리셉션 용도로 사용된다. 공식 집무실은 팔라시오 두 플라날토(Palácio do Planalto)다. 1960년에 세웠고, 2009-2010년에 개조했다. 자상 4층 지하 1층이다. 1987년 유네스코 세계문화유산으로 등재됐다. 브라질 국회의사당 동쪽과 대법원 건너편에 있다. 두 건물은 모더니스트 스타일이다.그림 8

국회의사당은 기념비적 축의 중앙에 있다. 브라질 국민의회는 1826년부터 시작됐다. 1960년 브라질리아에 수도가 들어서면서 브라질 스타일로 지었다. 왼쪽의 반구형은 상원이다. 오른쪽의 반구형은 하원이다. 그들 사이에는 두 개의 수직 오피스 타워가 있다. 의회는 주변의 다른 사무실 건물을 사용한다. 그 중 일부는 터널로 상호 연결되어 있다. 2007년 브라질 국민 역사 유산으로 지정됐다. 1987년 유네스코 세계문화유산으로 등재됐다.그림 9

그림 9 브라질리아 국회의사당의 상원, 본관, 하원

그림 10 브라질리아의 기념비적 축과 TV 타워

　　기념비적 축(Monumental Axis)은 브라질리아 중심 도로다. 이 도로는 브라질
국회의사당 건물에서 시작된다. 기념비적 축의 도로 옆에 정부 건물, 기념물,
기념관이 있다. 축의 양쪽은 6개 차선이 있는 2개 도로다. 2008년 500,000
명이 모이는 콘서트가 열렸다. 축 상에 브라질리아 TV 타워가 있다.그림 10

브라질 대법원은 최고 연방 법원이다. 브라질 헌법 재판소 역할을 한다. 1808년부터 기능이 시작됐다. 11명의 위원으로 구성됐다. 법원은 공개되어 회의를 TV로 시청할 수 있다. 이타마라티 궁전(Palácio Itamaraty)은 아치 궁전이다. 브라질 외무부가 있다. 1970년에 지었다. 국회 건물 동쪽에 있다. 건물 명칭은 리우데자네이루에 있는 궁전의 이름에서 따왔다.

그림 11 브라질의 두 번째 수도 리우데자네이루

03 리우데자네이루

리우데자네이루에는 1,221㎢ 면적에 2020년 기준으로 6,747,815명이 거주한다. 리우데자네이루 대도시권 인구는 12,280,702명이다. 리우데자네이루는 2012년 세계문화유산으로 지정됐다. 도시명을 '리우'로 줄여 말하기도 한다.

리우는 브라질 대서양 연안 스트립의 서쪽 부분에 입지해 있다. 리우의 산과 언덕의 암석은 편마암 화강암 계열이다. 규모가 큰 도시 숲인 티주카 국립공원이 있다. 기후는 열대 몬순과 열대 사바나 기후다. 여름은 덥고 습하다. 겨울은 따뜻하고 화창하다. 평균 기온은 21℃ 전후다.그림 11

리우는 1763-1815년 기간의 포르투갈 제국, 1815-1822년 사이의 포르투갈, 브라질, 알가르베 왕국, 1822-1889년 동안의 브라질 제국, 1889–1960년 기간의 브라질 공화국의 수도였다.

리우에는 투피족, 푸리족 등이 거주했다. 유럽인이 1502년 1월에 나바라 만에 들어 왔다. 이곳을 강으로 생각하여 「1월의 강(Rio de Janeiro)」으로 불렀다. 1565년 3월 포르투갈이 리우데자네이루를 세웠다. 1763년 포르투갈은 식민지 정부를 살바도르에서 리우데자네이루로 옮겼다. 1808년 나폴레옹을 피해 포르투갈 왕실과 귀족이 리우데자네이루로 이주했다. 발롱고 부두를 통해 리우데자네이루에 노예가 들어왔다. 1894년 축구 경기가 시작됐다. 1960년 리우데자네이루에서 브라질리아로 수도를 옮겼다. 1992년 환경을

그림 12 **브라질 리우데자네이루 코르코바도산의 구세주 그리스도 조각상**

지키기 위한 리우 유엔 지구 정상 회담이 개최됐다. 지속 가능한 개발에 관한
유엔 회의는 2012년에 열렸다. 오늘날 리우데자네이루 경제력은 석유, 천연
가스, 철광석, 제약, 금융, 관광 산업에서 나온다.

티주카 국립공원 코르코바도산 정상에 구세주 그리스도 조각상이 있다.
1922-1931년 사이에 세운 아르데코 조각상이다. 브라질과 프랑스 엔지니어
가 협업으로 조각했다. 얼굴은 루마니아 조각가의 작품이다. 높이 30m, 팔
의 너비 28m다. 받침대를 포함한 높이는 38m다. 무게는 635톤이다. 철근
콘트리트와 동석을 사용했다. 처음에는 한 손에 지구본을, 다른 한 손에 십
자가를 든 형태로 계획했다. 오늘날의 조각상은 예수가 팔을 넓게 벌린 모습
이다. 1920년대에 가톨릭에서 무신론을 불식하고자 세웠다. 기부금으로 건
설비를 마련했다. 2001년 브라질 국립 역사유산으로 지정됐다. 브라질의 아
이콘이다.그림 12

슈가로프산은 과나바라만 입구에 위치한 봉우리나. 높이가 396m나. 슈가로프는 부풀어 뭉친 설탕 덩어리와 비슷하다고 해서 붙인 이름이다. 2012년 유네스코 세계문화유산으로 등재됐다. 슈가로프 케이블카는 1912년에 개통됐다. 두 부분이다. 첫째 부분은 프라이하 베르멜하와 모로 더 우르의 220m 사이를 다닌다. 둘째 부분은 396m 슈가로프 산 정상까지 이어진다. 1972년에 75대로 늘어났다. 보타포고 베이는 중산층이 사는 상업 커뮤니티다. Botafogo는 라틴 아메리카 볼룸 댄스 동작을 뜻한다. 댄스가 시작된 곳이어서 보타포고라 명명되었다. 4.8㎢ 면적에 2010년 기준으로 82,890명이 거주한다.그림 13

그림 13 **브라질 리우데자네이루의 슈가로프산 케이블카와 보타포고 베이**

그림 14 **브라질 리우데자네이루의 로드리고 데 프레이타스 석호**

로드리고 데 프레이타스 석호는 라고아 지역에 있다. 알라의 정원 가장자리를 따라 운하를 통해 대서양과 연결된다. 석호에서 조정 경기 등의 수상 스포츠가 이뤄진다. 석호 주변에는 스포츠, 레저 활동이 펼쳐진다.그림 14

리우의 대서양 연안에는 플라멩구, 이파네마, 코파카바나, 르블론, 바라다 티주카 해변이 펼쳐져 있다. 이파네마 해변은 조빔과 모라에스가 작곡한 보사노바 재즈 노래『이파네마에서 온 소녀』로 알려졌다. Ipanema는 '사람이 먹기 어려운 물'이란 뜻이다. 코파카바나 해변은 발네아리오 리조트 타운 형태의 해변 휴양지다. 호텔과 호스텔이 많다. Copacabana는 볼리비아 수호성인이다. 수호성인 복제품이 있는 예배당을 건설하면서 코파카바나로 명명됐다. FIFA 비치 사커 월드컵 공식 개최지였다.그림 15, 16

그림 15 브라질 리우데자네이루의 코파카바나(右)와 이파네마(左) 해변

그림 16 **브라질 리우데자네이루의 코파카바나 원경(遠景)과 이파네마 근경(近景)**

    바라 다 티주카는 상류층 지역이다. Barra da Tijuca는 '찰흙 모래톱'이란 뜻이다. 코스타가 설계한 이곳에는 정원, 쇼핑몰, 아파트, 대형 맨션 등이 많다. 2010년 기준으로 300,823명이 거주한다. 보안이 잘 되어 있어 안전하다. 바라 다 티주카 해변은 입자가 고운 사질 해안이다. 2016년 하계 올림픽 경기장으로 활용됐다.그림 17

그림 17 **브라질 리우데자네이루의 바라 다 티주카 해변**

　브라질에는 빈민가 파벨라가 있다. Favela 명칭은 피부 자극 나무 파벨라에서 유래했다. 19세기 후반 리우데자네이루 프로비덴시아에 생겼다. 농촌을 떠나 도시로 온 이주자 일부가 파벨라에 살았다. 2010년 기준으로 브라질 323개의 지자체에 파벨라가 있다고 조사됐다. 로시냐는 리우데자네이루 남부에 있는 파벨라다. 리우데자네이루가 내려다보이는 가파른 언덕에 지어졌다. 143.72ha 면적에 2017년 기준으로 69,356명이 거주한다.

그림 18 **브라질 리우데자네이루의 센트로 다운타운**

리우데자네이루 다운타운(Centro)은 역사와 비즈니스 지역이다. 칸델라리아 교회, 성 세바스티안 대성당, 시립 극장, 파세이오 푸블리코 공원, 카리오카 수로가 있다. 다운타운에 리우의 고층 빌딩이 밀집해 있다. 금속 광업 베일(1942년 설립), 브라질 개발은행(1952), 석유 페트로브라스(1953), 전기 엘레트로브라스(1962) 등의 기업 본사가 있다.그림 18

리우데자네이루 카니발은 1723년에 시작됐다. 리우 카니발은 사순절 전 금요일에 시작하여 재의 수요일에 끝난다. 2020년에는 2월 21일부터 26일까지 진행됐다. 퍼레이드, 파티, 야외 공연이 펼쳐진다. 정교한 의상을 입고 춤 경기를 통해 우승자를 정한다.

보사노바는 삼바 스타일의 재즈 음악이다. Bossa nova는 '새로운 물결'이란 뜻이다. 1956년 리우데자네이루 코파카바나 기타 학교에서 시작됐다. 보사노바는 삼바보다 부드럽다. 조빔은「보사노바의 아버지」로 불리는 브라질의 대표 음악가 중 한 명이다.

마라카낭 스타디움은 축구 경기장이다. 1950년에 개상했다. 리우데자네이루 축구 클럽의 축구 경기에 사용된다. 콘서트, 스포츠 행사도 열린다. 팬 아메리칸 게임, FIFA 컨페더레이션스컵, 월드컵 경기가 개최됐다. 2016년 하계 올림픽 개막식과 폐막식 장소였다.그림 19

그림 19 **브라질 리우데자네이루의 마라카낭 스타디움**

그림 20 브라질 상파울루

상파울루

상파울루에는 1,521㎢ 면적에 2020년 기준으로 12,400,232명이 거주한다. 상파울루 대도시권에는 53,369.61㎢ 면적에 33,652,991명이 산다. 도시 이름은 사도 성 바오로(São Paulo)에서 유래했다.

상파울루는 해발고도 800m에 위치했다. 대서양과의 거리는 70km다. 티에테강이 흐른다. 티에테강은 대서양에서 멀고 급류다. 1년 내내 쾌적하다. 평균기온은 1월이 22°C이고, 7월이 15°C다. 연평균 강수량은 1,376mm다. 12월-2월의 여름에 비가 많다.

1554년 예수회 선교사가 상파울루에 들어왔다. 1711년 시로 승격됐다. 19세기 중반 이후 커피 재배 집산지로 발전했다. 커피 수출항 산투스와 함께 성장했다. 1870년부터 2010년까지 230만 명의 이민자가 들어왔다. 이탈리아, 포르투갈, 독일, 스페인, 일본에서 많이 왔다. 상파울루는 상공업이 발달한 브라질 경제 중심지로 성장했다. 빈부 격차가 있는 도시다.

상파울루에는 기업, 은행, 금융 기관의 본부가 많다. 브라질의 경제 금융 수도로 여긴다. 브라질 GDP의 12.26%를 점유한다. 브라질에 있는 국제기업 본사의 63%가 상파울루에 있다. 상파울루는 일찍부터 주요 자원을 수출해 경제력을 키웠다. 대두, 원당, 커피, 목재 펄프, 옥수수를 수출한다. 상파울루 증권거래소는 1890년에 설립됐다. 2008년에 상파울루 증권거래소와 브라질 상품선물거래소가 합병했다. 2017년 CETIP과 합병하여 B3가 되었다. B3에서는 2021년 기준으로 418개 기업이 거래되고 있다. 리우데자네이루, 상하이, 런던에 지사가 있다.

상파울루 도시 경관은 마천루가 들어선 스카이 라인을 보여준다.그림 20 상파울루 대도시권에는 35m 이상의 건물이 40,000-50,000개 있다. 미란테 두 발레, 이탈리아 빌딩 등 고층 빌딩이 있다. 알티노 아란테스 빌딩은 1947년에 지었다. 높이 161.22m 36층 오피스 빌딩이다. 2011년 시립문화유산으로 지정했다. 내부 개조 공사를 거쳐 2018년 문화 엔터테인먼트 센터로 재개관했다.

상파울루 중심지역 프라사 다 세에 상파울루 대성당이 있다. 상파울루 대성당은 1589년부터 시작됐다. 1616년경 지은 교회를 헐고 1764년 「겸손한 교회」를 세웠다. 1911년 철거했고, 1913년 다시 짓기 시작했다. 상파울루 400주년에 맞춰 1954년에 새 대성당이 봉헌됐다. 타워는 1967년 완공됐다. 돔 높이 30m, 첨탑 높이 92m, 길이 111m다.그림 21

상파울루 중심지역에 파울리스타 애비뉴가 있다. 길이가 2.8km다. 1891년 조성했다. 파울리스타는 '상파울루 원주민, 시민'을 뜻한다. 금융, 문화 기관의 본부, 상파울루 미술관, 라디오와 텔레비전 타워가 있다. 지하철과 버스 노선의 주요 허브다.그림 21

그림 21 브라질 상파울루의 상파울루 대성당과 파울리스타 애비뉴

그림 22 **브라질 상파울루의 옥타비오 프리아스 데 올리베이라 다리**

파울리스타 애비뉴에 있는 상파울루 미술관은 1957년 개관했다. 콘크리트 유리 구조물은 현대 브라질 건축의 상징이다. 8,000개 이상의 컬렉션이 있다. 브라질 예술 판화, 드로잉, 아프리카 아시아 예술, 골동품, 장식 예술이 소장되어 있다. 브라질 국립 유산 목록에 등재됐다.

옥타비우 프리아스 데 올리베이라 다리는 피헤이로스강 위에 있는 사장교다. 2008년 개통됐다. 길이 138m다. 다리의 갑판 부분이 X자 형태를 보인다. 다리 명칭은 상파울루 언론인 이름에서 따왔다. 다리 오른쪽에 유엔 비즈니스 센터가 있다. 뉴브루클린 지역에 있는 비즈니스 단지다. 1999년 조성했다. 단지에 있는 North Tower는 높이 158m, 건축 면적 152,000㎡다. 타워에는 마이크로소프트, 휴랫패커드, 몬산토 등 다국적 기업이 있다.그림 22

이비라푸에라 공원은 도시 공원이다. 상파울루 400주년을 기념해 1954년에 개장했다. 면적은 1.58km²다. 입장료는 무료다. 레저, 조깅, 산책로, 박물관, 음악당 등이 있다. 문화 행사가 열린다. 「콘크리트 정글의 중심부에 있는 녹색 오아시스」로 평가받았다.그림 23

그림 23 **브라질 상파울루의 이비라푸에라 공원**

그림 24 브라질의 쿠리치바

05 쿠리치바

쿠리치바는 파라나주의 주도다. 쿠리치바에는 430.9㎢ 면적에 2020년 기준으로 1,948,626명이 거주한다. 쿠리치바 대도시권 인구는 3,400,100명이다. 쿠리치바는 해발고도 932m에 위치했다. 아폰수 페나 국제공항에서 17km, 파라나과 항구에서 105km 떨어져 있다.그림 24

Curitiba 이름은 투피 단어 kurí tyba에서 비롯됐다 한다. '아라우카리아 소나무 종자'라는 뜻이다. 이 지역에 파라나(Paraná) 소나무 솔방울이 많았다. 도시명은 1721년에 Curitiba로, 1812년에 Curityba로 썼다. 1919년에 법으로 Curitiba로 확정했다.그림 25

1654년 금광이 발견됐다. 1693년 시의회가 구성됐다. 1812년에 도시가 되었다. 1850-1950년 사이에 벌목, 커피, 밀, 옥수수 재배가 진행됐다. 아라우카리아 나무가 벌목됐다. 1850년 이후 독일, 폴란드, 이탈리아, 우크라이나에서 이민자가 들어왔다. 1854년 파라나 주도가 됐다. 가축 교역 장소로 성장했다. 1885년에 철도가 개통됐다. 1912년에 파라나 연방 대학교가 설립됐다. 1940년대와 1950년대 프랑스인이 도시 계획을 시도했다. 1968년 파라나대 출신 레르네르(Lerner) 팀이 본격적으로 도시를 가꿨다. 쿠리치바는 무분별한 도시 확장(sprawl)을 통제했다. 사적(史跡) 지역을 보존했다. 교통량을 줄였다. 대중교통을 체계화했다. 폐기물은 식료품 봉지와 교통권을 교

그림 25 **브라질 쿠리치바의 아라우카리아 소나무**

환하도록 했다. 쿠리치바는 환경 친화적인 도시 관리로 생태 환경 도시라는 평가를 받았다.

쿠리치바 경제는 2006년 기준으로 산업 34%, 상업 서비스업 66%다. 자동차 생산량이 브라질 2위다. 닛산, 르노, 폭스바겐, 아우디, 볼보, 엑손모빌, HSBC, 지멘스, 일렉트로룩스, 크래프트후드, 필립모리스 등이 들어와 있다. 병원, 학교, 도시 인프라가 갖춰져 있다. 관광 산업도 활발하다.

「지혜의 등대」는 소규모 도서관 네트워크다. 쿠리치바 시청 입구에 「지혜의 등대」 그림이 있다. 알렉산드리아 도서관과 알렉산드리아 등대에서 아이디어를 따왔다. 높이 10m, 건축 면적 88㎡인 등대 타워가 세워져 있다.

그림 26 **브라질의 쿠리치바 시청과 「지혜의 등대」**

1994년 시작했고, 쿠리치바에 54개 단위(unit)가 있다. 1997년 기준으로 월 200,000명이 활용했다. 1년에 2,400,000권의 도서가 대출됐다.그림 26

쿠리치바는 범람원을 매입해 공원화했다. 녹지 보호를 중시해 가능한 공원을 만들었다. 1인당 녹지면적이 52㎡다. 쿠리치바 식물원, 바리귀 공원, 교황 바오로 2세 공원, 독일 숲 공원 등 17개 공원과 4개 분수가 있다.

1991년에 문을 연 쿠리치바 식물원은 프랑스 정원 스타일이다. 공원 면적은 240,000㎡다. 꽃 장식이 있는 입구에 들어서면 분수, 폭포, 호수가 펼쳐진다. 열대 지방 식물 표본이 있는 458㎡의 아르누보 스타일의 온실이 있다. 온실 뒤에 브라질 환경운동가 박물관이 있다. 자생림을 따라 산책길이 이어진다. 멀티미디어 교실, 강당, 1,320㎡의 전시 공간에는 여러 예술 작품 감상이 가능하다. 식물 박물관에는 식물 표본이 있다. 연못, 호수, 강당, 도서관, 박람회장, 극장, 테니스장, 자전거길 등이 있다.그림 27

그림 27 **브라질 쿠리치바 식물원과 프랑스 정원**

　　바리귀 공원 면적은 140ha다. 왜가리, 백로, 주머니쥐, 왕관 참새 등 동물
군 보호 구역이다. 사이클 트랙, 다양한 스포츠 코트, 자동차 박물관, 전시
컨벤션 센터 등의 시설이 있다. 교황 공원은 1980년 교황 요한 바오로 2세가
쿠리치바를 방문한 후 조성됐다. 면적은 46,337㎡다. 에스테리나 양초 공장
부지에 폴란드 이민자들을 기리는 기념비가 세워졌다. 기념관은 1871년에
처음 도착한 이민자들의 신앙과 삶을 상기시키는 7개의 통나무 집으로 구성
되어 있다. 오래된 수레, 신 양배추 파이프, 수호성인 오브제가 있다. 독일 숲
공원은 보스케 알레망 스타일의 공원이다. 면적은 38,000㎡다. 신고딕 양식
의 목조 교회 복제품이 세워져 있다. 바흐의 오라토리엄 콘서트 홀, 어린이
도서관이 있다. 「철학자 탑」이라고 불리는 목조 전망대가 있다.그림 28

그림 28 브라질 쿠리치바의 바리귀, 교황 요한 바오로 2세, 독일 숲 공원

쿠리치바의 대중교통은 버스 시스템이다. 1974년 급행 버스 노선(Bus Rapid Transit, BRT)을 개통했다. 중심도시 쿠리치바와 대도시권을 연결한다. 2014년 기준으로 쿠리치바 대도시권에는 357개 정류장이 있다. BRT 개통으로 1991년의 경우 연간 2,700만 번의 자동차 운행이 감소했다고 조사됐다. 1인당 연료 사용량이 30% 줄었다. BRT에는 길이 28m, 승객 250명을 태울 수 있는 이중 관절 버스가 운행된다. 1991년에 만든 버스 정류장은 강철과 유리로 된 튜브 형태다. 장애인이 탈 수 있게, 지상에서 약간 높은 형태다. 일부 정류장에는 작은 도서관 투보테카가 있다.그림 29

그림 29 **브라질 쿠리치바의 튜브 버스 정류장과 이중 굴절 버스**

　와이어 오페라 하우스(Ópera de Arame)는 1992년 개관했다. 2,400명을 수용할 수 있다. 페드레이아 공원 한가운데 있다. 암석 채석장 자리에 세워졌다. 구조물은 인공 호수 위에 강철 튜브로 세운 다리를 통해 접근할 수 있다. 금속 구조물의 무게는 360톤이다.그림 30 인근에 25,000명이 모일 수 있는 페드레이라 파울로 레민스키 야외 공연장이 있다. 파울로 레민스키는 20세기 브라질 작가 이름이다.

　1500년에 프르투갈 탐험대가 브라질에 들어 왔다. 포르투갈 제국, 브라질·포르투갈·알가르베 왕국, 포르투갈 제국, 브라질 연방 공화국으로 변해 왔다. 공식 언어는 포르투갈어다. 브라질은 혼합 경제 구조다. 2022년 브라질의 명목 GDP는 세계 12위다. 1인당 GDP는 8,857달러이다. 노벨 생리 의학 수상자가 1명 있다. 브라질의 종교는 2020년 설문에서 가톨릭 50%, 개신교 31% 등 기독교가 81%로 조사됐다. 브라질리아는 계획도시로 지어진 브라질 수도다. 리우데자네이루는 자연환경이 아름다운 해안 도시다. 상파울루는 브라질의 경제 금융 도시다. 쿠리치바는 환경 친화적인 생태 도시다.

그림 30 브라질 쿠리치바의 와이어 오페라 하우스 내부와 입구 철제 다리

멕시코 합중국

그림 1 멕시코 합중국 국기

01 멕시코 전개 과정

멕시코의 공식 명칭은 멕시코 합중국이다. 스페인어로 Estados Unidos Mexicanos러 표기한다. 「에스따도스 우니도스 메히까노스」라 읽는다. 영어로 The United Mexican States라 표현한다. 멕시코에는 1,972,550㎢ 면적에 2022년 추정으로 129,150,971명이 거주한다. 수도는 멕시코시티다.

멕시코의 국기는 1810년 멕시코 독립 전쟁 때 처음 사용했다. 1821년 제정했다. 1968년 개정해 현재의 국기가 되었다. 초록색, 하얀색, 빨간색 세로 줄무늬 국기다. 가운데에 멕시코 국장이 있다. 초록색은 희망과 승리를, 하얀색은 통합을, 빨간색은 국가 독립을 위해 헌신한 영웅에 바치는 찬사다. 멕시코 국장에는 독수리가 선인장 위에 앉아 있다. 뱀이 독수리에 물려 있다. 아즈텍의 테노치티틀란 전설에서 유래했다. 멕시코 국기는 이탈리아 국기와 유사하다. 가운데 문장의 유무로 구분된다.그림 1

México는 나와틀어 metztli(달), xictli(배꼽 또는 중심) co(장소)에서 유래했다. '달의 중심지'라는 뜻이다. 아즈텍 제국이 「달의 호수」 안에 있는 섬에 Tenochtitlán(테노치티틀란) 도시를 세웠다. 테노치티틀란은 현재의 멕시코시티다. 달의 호수는 멕시코 계곡에 있던 자연 호수였다. 기수(Brackish Water, 짠물) 호수였다. 둑을 쌓아 담수(Fresh Water, 민물) 호수가 조성됐다. 달의 호수는 Tex-coco(텍스코코) 호수라 불렀다. 스페인이 아즈텍 제국을 정복한 후 홍수를 막

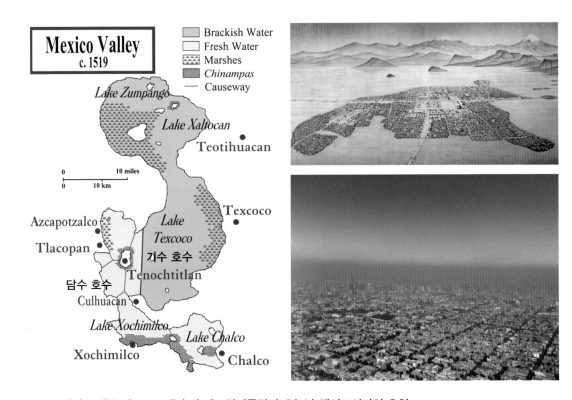

그림 2 **멕시코 계곡 텍스코코 호수의 테노치티틀란과 오늘날 멕시코시티의 오염**

겠다고 대부분의 호수물을 빼냈다. 호수의 배수로 물 부족과 오염이 나타났
다. 전체 호수 유역이 멕시코시티 영역으로 바뀌었다. 계곡에 들어선 멕시코
시티는 1990년대까지 환경 오염에 시달렸다. 특히 겨울에 대기 오염이 심했
다. 오늘날에 와서 호수의 생태 복원과 환경 오염을 줄이는 노력이 진행되고
있다.그림 2 México의 발음은 '메히꼬'에 가깝다. 대한민국에서는 영어식 발
음의 '멕시코'로 표기한다.

그림 3 **멕시코 테오티우아칸의 태양의 피라미드와 달의 피라미드**

　멕시코의 사실상 공용어는 스페인어다. 언어권법에 따라 스페인어는 63개의 토착어 가운데 하나로 설정되어 있다. 멕시코는 원주민에 기반을 둔 다문화 국가로 정의한다. 멕시코 인종 구성은 메스티조(Mestizos)가 55%, 아메리카원주민(Amerindians)이 30%, 백인이 10%, 아프리카계 멕시코인(Afro-Mexicans)이 3%다. 메스티조의 조상은 유럽인, 아메리카원주민, 아프리카계 멕시코인이다.

　멕시코 중부는 높고 넓은 고원 지대다. 북쪽 국경의 리오그란데강과 남쪽 국경의 우수마신타강이 흐른다. 열대 저지, 온대 고원, 침엽수림, 초지, 고산대에 따라 기후와 식생이 다양하다.

　BC 1500년경 걸프 연안에서 올멕 문명이 꽃피웠다. BC 100-500년 기간에 고대 메소아메리카 도시 테오티우아칸(Teotihuacán)이 발달했다. 21㎢ 면적에 전성기 때는 125,000명이 거주했던 것으로 추정했다. 멕시코시티에서 북동쪽 40km 떨어져 있다. 메소아메리카 피라미드인 태양의 피라미드와 달의 피라미드, 다가구 주거 단지, 망자의 거리, 다양한 벽화 등의 유적이 있다. 1987년 유네스코 세계문화유산으로 등재됐다.그림 3 600-900년 기간에 마야 지역에 치첸이트사(Chichén Itzá)가 발달했다. 1428-1521년 사이에 아즈텍 제국이 건설됐다. 테노치티틀란, 텍스코코, 틀라코판 3개 도시 동맹이었다. 수도는 테노치티틀란이었다. 아즈텍에서는 나와틀어를 썼다. 아즈텍은 '나와틀어를 쓰는 아즈틀란(Aztlán)에서 온 사람'으로 설명한다. 아즈틀란은 멕시코 북서부의 신비한 장소라 추정한다.

1521년 스페인 출신 Cortés(코르테스)가 아즈텍을 무너뜨렸다. 스페인은 아즈텍의 수도 테노치티틀란에 멕시코시티를 건설했다. 정복지를 누에바 에스파냐로 만들었다. '새로운 스페인'이란 뜻이다.

1546년에 사카테카스, 1548년에 과나후아토에서 은 광산이 발견됐다. 스페인은 멕시코시티, 사카테카스, 과나후아토를 잇는 은(Silver)의 길을 건설했다. 1630년까지 은의 길로 생산된 은의 60%를 수출했다. 멕시코시티 조폐소에서 제작된 「8 레알 은화」는 대항해 시대이래 기축통화로 사용됐다. 스페인은 300년간 멕시코를 식민 지배했다. 스페인어와 가톨릭이 보급됐다. 유럽인과 토착민 사이에 혼혈이 진행됐다. 봉건적 대토지 소유 제도가 생겨났다.

18세기에 미국과 프랑스에서 벌어진 독립 전쟁과 프랑스 혁명 등이 토착민 크리올(Criole)에게 독립 의지를 고취시켰다. 1808년 나폴레옹 1세가 스페인을 정복했다. 나폴레옹 형인 조제프가 스페인 왕 호세 1세로 즉위했다. 이에 대해 멕시코는 스페인 타도를 외쳤다. 급기야 1810년 멕시코 독립을 선언했다. 1821년 제1 멕시코 제국이 건국됐다. 제국이 무너지고 1824-1835년 사이에 멕시코 제1 연방공화국이 수립됐다. 1824년에 최초의 헌법이 채택됐다. 1835-1846년에는 멕시코 중앙공화국으로 변했다. 1846-1863년 기간은 멕시코 제2 연방공화국으로 돌아왔다. 1846년 멕시코-미국 전쟁이 발발했다. 1848년 멕시코가 패배했다. 텍사스, 뉴멕시코, 캘리포니아 등이 미국에 넘어갔다. 1862년 프랑스가 침공했다. 1866년 미국의 지원을 받아 프랑스를 물리쳤다. 1864-1867년 기간에 제2 멕시코 제국이 들어섰다. 1867-1876년 사이에 공화국이 복원됐다. 1876년 포르피리아토 권위주의 정권이 들어서 1910년까지 유지됐다. 1910-1920년 기간에 멕시코 혁명이 일어났다. 미국, 독일, 영국, 프랑스가 지원했다. 판초 빌라 장군 등이 활동했다. 1917년 멕시코 현행 헌법이 채택됐다. 1929-2000년 기간에 보수당이 집권하여 71년간 유지됐다. 2018년 좌파 정부가 들어섰다.

멕시코는 신흥공업국이다. 풍부한 노동력과 석유 등의 지하자원을 보유하고 있다. 1960-1970년대에 경제 발전을 이룩했다. 미국과 NAFTA를 체결했다. OECD, G20 공업 국가다. 멕시코의 수출 품목은 자동차, 석유, 반도체, 통신기기, 트럭이다. 멕시코의 2022년 1인당 GDP는 10,948달러이다. 노벨상 수상자가 3명 있다.

멕시코의 종교는 가톨릭이 77.8%, 개신교가 11.7%, 기타 기독교가 1.8%로 기독교가 91.3%다. 멕시코 문화는 원주민과 스페인 문화의 영향을 받았다. 마리아치(Mariachis)는 18세기 멕시코 서부에서 시작된 멕시코 민속 음악이다. 카우보이는 멕시코의 바케로(Vaquero)에서 비롯되었다고 설명한다. 바케로는 말을 탄 가축 사육자다. 1687년 예수회 사제와 함께 캘리포니아에 들어갔다. 카우보이를 버카루(buckaroo)라 한다.

그림 4 멕시코시티의 스카이 라인과 토레 라티노아메리카나

02 수도 멕시코시티

멕시코시티는 멕시코 수도다. 스페인어로 Ciudad de México라 한다. 「시우다드 데 메히코」라 읽는다. 나와틀어로 Altepetl Mexihco로 표기한다. 「알테페틀 메히꼬」로 읽는다. 영어로 Mexico City라 표기한다. 1,485㎢ 면적에 2020년 기준으로 9,209,944명이 거주한다. 멕시코시티 대도시 지역 인구는 21,804,515명이다. 32개의 행정 구역으로 구성되어 있다. 멕시코시티는 1987년과 2007년에 유네스코 세계문화유산으로 등재됐다. 등재 공식 공식 명칭은 「멕시코시티의 역사적 중심지, 소치밀코 및 국립 멕시코 자치 대학교의 센트럴 유니버시티 시티 캠퍼스」다.

멕시코시티 스카이 라인은 다양하다. 도심에 위치한 토레 라티노아메리카나는 1956년에 개장한 마천루다. 높이 166m 44층의 오피스 용도 건물이다. 내진 설계가 잘 되어 있다. 1985년 9월 발생한 리히터 규모 8.1의 멕시코시티 지진을 견뎌냈다.그림 4

아즈텍은 텍스코코 호수를 간척했다. 1325년에 호수 인에 섬을 만들어 테노치티틀란 도시를 세웠다. 중앙부에는 피라미드를 건조했다. 텍스코코 호수는 염분이 있는 기수 호수였다. 텍스코코 남쪽 코요아칸(Coyoacán)에는 샘물이 있었다. 코요아칸은 '북아메리카 개 코요테의 장소'라는 뜻이다. 샘물 보전을 위해 둑을 쌓아 기수 호수를 차단했다. 차단으로 생긴 민물 담수는 농업 용수로 활용했다. 식수는 샘물에 돌수로를 만들어 이용했다.그림 5

그림 5 **멕시코의 테노치티틀란**

　　1521년 테노치티틀란은 멕시코시티로 개명됐다. 이 도시는 아즈텍 제국의 수도에서 누에바 에스파냐의 수도로 바뀌었다. 1521-1523년 기간에 코요아칸이 누에바 에스파냐의 중심지였다. 코요아칸에는 2010년 기준으로 620,416명이 거주한다. 스페인은 아즈텍 사원 위에 가톨릭 교회 멕시코시티 메트로폴리탄 대성당을 세웠다. 중앙 광장인 소칼로(Zócalo) 광장 주변에 대성당, 총독 관저, 시의회 등이 들어섰다. 18세기에 은광으로 부를 축적했다. 재산가들은 교회를 짓고, 자선 단체를 지원하며, 궁전을 지었다. 이에 대해 지리학자 알렉산더 폰 훔볼트는 멕시코시티를 「궁전의 도시」라고 칭했다.

그림 6 멕시코시티 소칼로 광장 메트로폴리탄 대성당의 원경과 근경

1821년 멕시코 제국이 수립됐다. 멕시코 대성당에서 황제로 즉위했다. 1876–1911년 기간인 포르피리아토 시대에 멕시코시티는 큰 변화를 겪었다. 도로, 학교, 병원, 교통, 통신 시스템이 갖춰졌다. 자원과 부가 멕시코시티에 집중됐다. 멕시코시티 외곽 농촌 지역은 전기, 가스, 하수도 시설이 있는 도시로 바뀌었다. 일부는 산업 지역으로 변모했다. 1910–1920년 기간에 멕시코 혁명이 일어났다. 멕시코시티는 20세기 초반에 서쪽으로, 1950년대에 북쪽으로 넓혀졌다. 1968년 올림픽 개최로 스포츠 시설이 확충됐다. 1969년 지하철이 개통됐다. 1960년대 이후 대도시 광역화가 빠르게 진행됐다.

멕시코시티 메트로폴리탄 대성당은 1573년부터 짓기 시작했다. 1656년에 축성했다. 1813년에 완성됐다. 공식 명칭은 「가장 축복받은 성모 마리아가 천국으로 승천하는 메트로폴리탄 대성당」이다. 고딕, 플라테레스크, 바로크, 신고전주의 스타일 건물이다. 대성당은 남향이다. 폭 59m, 길이

그림 7 멕시코시티 소칼로 광장과 시민들 퍼포먼스

128m, 높이 67m다. 대성당 내부에 장식품, 그림, 조각, 가구가 있다. 오랜
건설 기간 동안 대성당은 멕시코의 사회적 결속력을 다지는 구심점이 되었
다.그림 6

멕시코시티의 중심 광장인 소칼로는 1524년에 개장했다. 헌법 광장으로
칭한다. 광장 면적은 57,600㎡다. 240m×240m 규모다. 소칼로는 '기반석'
이란 뜻이다. 독립기념탑의 기반석을 놓으면서 소칼로 광장이라 했다. 멕시
코의 각종 의식, 군사 퍼레이드, 종교 행사, 외국 귀빈 환영식 등이 개최된다.
시민들의 여러 행사와 퍼포먼스가 열린다. 광장 주변에 대통령 공식 관저인
국립 궁전, 연방 행정 건물, 멕시코시티 메트로폴리탄 대성당 등이 있다. 중
앙에 멕시코 국기 게양대가 있다.그림 7

산타 마리아 데 과달루페 대성당은 1976년 봉헌됐다. 높이가 42m, 돔 직경이 100m다. 연간 20,000,000명이 방문한다. 과달루페의 성모 마리아 축일인 12월 12일경에 집중 방문한다. 과달루페의 성모는 1531년 12월부터 5번 발현했다 한다. 1887년 교황이 성모 이미지 대관식을 선포했다. 대성당이 있는 빌라 데 과달루페는 1563년 설립된 도시다. 멕시코시티 북부에 있다. 2020년 기준으로 9,277명이 거주한다.그림 8

멕시코시티 쿠아우테목에 있는 돔 건축물은 연방 입법궁으로 지을 계획이었다. 그러나 포르피리아토 시대가 끝나고 멕시코 혁명이 진행되면서 상황이 바뀌었다. 멕시코 혁명 기념비로 지어진 것이다. 돔과 혁명 영웅들 영묘가 소성됐다. 1910-1938년 기간에 건조했다.

그림 8 **멕시코시티 북부의 과달루페 대성당**

그림 9 **멕시코시티의 팔라시오 데 벨라스 아르테스**

팔라시오 데 벨라스 아르테스는 예술 궁전이다. 1904-1934년 기간에 지었다. 좌석 수는 1,936석이다. 건물 외부는 아르누보와 신고전주의 양식이다. 내부는 아르데코 스타일이다. 예술 궁전은 음악, 무용, 연극, 오페라, 문학 행사를 개최했다. 전시회도 개최됐다. 「멕시코 예술의 대성당」으로 불렸다.그림 9

무세오 소마야(Soumaya)는 사립 박물관이다. 2011년 개관했다. 66,000점
의 예술품이 소장되어 있다. 히스패닉 이전 메소아메리카 조각품, 19세기와
20세기 멕시코 미술 작품이 있다. 멕시코 예술, 종교 유물, 역사적 문서와 동
전이 소장되어 있다. 박물관 이름은 설립자의 아내 이름이다. 박물관 설계는
설립자의 사위가 맡았다.그림 10

그림 10 **멕시코시티의 무세오 소마야**

그림 11 **멕시코시티의 파세오 데 라 레포르마**

Avenida Paseo de la Reforma(파세오 데 라 레포르마)는 '개혁의 산책로'라는 뜻이다. 길이가 14.7km다. 1864-1867년의 제2 멕시코 제국 때 지었다. 비엔나의 링슈트라세와 파리의 샹젤리제를 모델로 설계했다. 국립 궁전과 황실 거주지인 차풀테펙(Chapultepec)성을 연결하도록 구상했다. 초기에는 「황후의 산책로」로 정했다가 1872년 지금의 이름으로 바꿨다. 2003년부터 리노베이션 프로그램이 진행됐다. 오늘날 레포르마에는 고급 레스토랑, 호텔, 사무실 등이 들어서 있다. 공공 미술전시회도 열린다.그림 11

차풀테펙 숲은 멕시코시티의 도시 공원이다. 면적이 686ha다. 아즈텍 통치자들의 거주지였다. 1530년 일반에 공개됐다. 2005-2010년 기간에 공원으로 복구했다. 멕시코 시티의 허파 기능을 수행한다. 차풀테펙성, 차풀테펙 동물원, 인류학 박물관 등이 있다. 연간 15,000,000명이 방문한다.그림 12

산타페는 멕시코시티 비즈니스 지구다. 1990년대 이후 본격적으로 개발됐다. 고층 주거지와 3개의 대학 캠퍼스가 있다. 주변에 라 멕시카나 공원이 있다. 세트로 사타페 쇼핑몰이 입지해 있다. 쇼핑몰은 1993년 문을 열었고 2012년 확충됐다. 210,400㎡ 면적에 500개 점포가 영업한다. 의류, 시네멕스, 애플 스토어 등이 있다.

그림 12 **멕시코시티의 차풀테펙 숲 공원**

03 마야 도시 치첸이트사

칸쿤은 유카탄 반도 해안에 있는 리조트 휴양 도시다. 칸쿤에는 1,978.75㎢ 면적에 2020년 기준으로 888,797명이 거주한다. Cancún은 마야어 kàan kun에서 파생됐다. '뱀의 둥지' 내지 '황금 뱀의 장소'로 번역된다. 칸쿤은 1970년 이후 리조트 휴양지로 개발된 계획 도시다. 멕시코 휴양지는 동쪽 대서양의 칸쿤과 서쪽 태평양의 아카풀코가 있다. 칸쿤은 열대성 습윤 건조 기후다. 연간 평균 기온이 27.1°다.그림 13 칸쿤을 거쳐 마야 도시 치첸이트사에 갈 수 있다.

치첸이트사는 유카탄 반도에 있는 마야 고대 도시 유적지다. 지명은 마야어 Chichen Itza에서 유래했다. chi(입, 입구), ch'e'en(우물), itza(이트사, 이차)의

그림 13 **멕시코 휴양 도시 칸쿤의 원경과 근경**

한성어다. 이트사는 초기 마야 시대 때 주도권을 행사했던 종족 이름이다. 치첸이트사는 '이트사족의 우물 입구에서'로 해석한다. 우물은 싱크홀 물웅덩이 세노테(cenotes)를 말한다. 치첸이트사는 치첸이차, 치첸이사로도 표기한다. 1988년 유네스코 세계문화유산으로 등재됐다.

　치첸이트사는 750-900년 기간에 기반을 다졌다. 900-1050년 사이에 유카탄 반도 중부부터 해안가를 통치하는 강국으로 성장했다. 약스나, 코바 등을 복속시켰다. 13세기에 새로운 강국 마야판(Mayapan)에게 함락되었다. 마야는 전쟁, 질병, 기근 등으로 약화됐다. 16세기 초부터 1697년까지 스페인이 마야를 공격하여 정복했다. 치첸이트사는 소 방목장으로 이용됐다. 1843년 이후 유적지로 조명받았다. 엘 카스티요, 전사들의 신전, 구기 경기장, 무덤, 무기, 제례용품 등이 발굴됐다. 세노테 바닥에 있던 황금, 옥, 유골들을 건져냈다.

그림 14 **멕시코 마야 도시 치첸이트사의 쿠쿨칸 신전 엘 카스티요**

그림 15 **쿠쿨칸 신전의 춘분 때 하강하는 뱀 이미지와 신전 오르기**

엘 카스티요는 치첸이트사의 랜드마크다. 깃털 달린 뱀신(神) 쿠쿨칸을 섬기는 신전이다. 이 신전이 성채와 닮아 El Castillo(엘 카스티요, 성)이라 칭했다. 8-12세기에 석회암으로 지었다. 높이 24m 9층의 계단으로 된 피라미드다. 꼭대기 신전 높이는 6m다. 신전의 총 높이가 30m다. 정사각형 베이스의 너비는 55.3m다. 4면에 있는 계단이 91개다. 계단 총수는 4×91=364계단이다. 여기에 정상의 1단을 더하면 365계단이 된다. 365일과 같다.그림 14 밤낮의 길이가 같아지는 춘분과 추분의 늦은 오후에 뱀의 하강 이미지가 형상화된다. 북쪽면 계단 발치에 있는 깃털달린 뱀의 머리 조각 쪽으로 그림자가 드리운다. 거대한 뱀이 쿠쿨칸 신전에 몸을 기대어 땅으로 내려오는 듯한 이미지가 연출된다. 신전 계단이 가파르다. 줄을 잡고 올라가면 용이하다.그림 15

전사들의 신전은 부조가 새겨진 돌기둥에 둘러싸여 있다. 돌기둥에 전사복장을 한 조각이 새겨져 있어「전사들의 신전」이라는 명칭이 생겼다.「천개 기둥들의 신전」이라고도 한다. 전사들의 신전 위에는 차크물(chacmool) 석상이 있다. 차크물의 머리는 정면에서 90도를 향한다. 시선은 하지 때 일몰지점을 향한다고 한다. 팔꿈치로 자신을 지지하고 누워 있다. 배에 그릇이나 원반을 놓아 희생 제물을 담는 데 사용되었다. 차크물은 물과 연관지어 비의 신 틀랄록(Tlāloc)과 관련이 있다는 해석이 있다.그림 16

그림 16 **멕시코 치첸이트사의 전사들의 신전, 돌기둥, 차크물**

그림 17 **멕시코 치첸이트사의 공놀이 경기장과 스톤링**

공놀이 경기장(Great Ball Court)은 치첸이트사의 구기 경기장이다. 마야인의 공놀이 경기는 치열했다. 승자는 많은 혜택이 주어지나 패자는 비참했다. 마야 신화의 공놀이 경기를 재현하는 제례의식으로 설명한다. 가로 168m, 세로 70m에 달하는 대경기장이 있었다. 경기장의 양면에 있는 벽의 길이는 각각 95m, 높이 8m다. 지표에서 6m 높이에 공을 넣어 득점하는 석조 고리 스톤링이 달려 있다.그림 17

세노테는 성스러운 우물(Sacred Cenote)이다. 유카탄은 석회암 평원이다. 석회암의 침식 작용으로 여러 곳에 싱크홀이 생겼다. 싱크홀에 물이 고인 물웅덩이를 세노테라 한다. 직경 60m, 지면에서 수면까지의 깊이가 27m에 달하는 수직 동굴형 세노테도 있었다. 마야인은 세노테에 제물을 바쳤다. 옥, 보석, 도자기, 황금, 흑요석, 조개 껍데기, 옷 등이었다. 유골이 발견되어 인신신 공양을 한 것으로 추정하기도 한다.그림 18

스페인은 1521년에 아즈텍을, 1697년 마야를 무너뜨렸다. 스페인어와 가톨릭을 심었다. 멕시코는 1810년 독립을 선언했다. 멕시코 제국을 거쳐 멕시코 공화국으로, 멕시코 합중국으로 변천했다. 멕시코의 사실상 공용어는 스페인어다. 멕시코는 신흥공업국이다. 2022년 1인당 GDP는 10,948달러다. 노벨상 수상자가 3명 있다. 멕시코의 종교는 가톨릭이 77.8%, 개신교가 11.7%, 기타 기독교가 1.8%로 기독교가 91.3%다. 수도는 멕시코시티다. 아즈텍 시대의 수도 테노치티틀란이었다. 텍스코코 호수물을 빼낸 멕시코 계곡에 세워진 도시다. 마야 도시 치첸이트사 유적지는 휴양 도시 칸쿤을 거쳐 갈 수 있다. 엘 카스티요, 전사들의 신전, 공놀이 경기장, 세노테 등의 유적이 있다.

그림 18 멕시코 치첸이트사의 싱크홀 물웅덩이 세노테

페루 공화국

그림 1 페루 공화국 국기

01 페루 전개 과정

페루의 공식 명칭은 페루 공화국이다. 스페인어로 República del Perú라한다. 「레푸블리카 델 페루」로 읽는다. 케추아어로 Piruw, 아이마라어로 Piruw라 표기한다. 「뻬루」라 읽는다. 영어로 Republic of Peru로 표기한다. 페루에는 1,285,216㎢ 면적에 2022년 추정으로 32,275,736명이 거주한다. 수도는 리마다. 페루는 대통령제다. 대의 민주주의 공화국이다.

국명은 지역 지도자 Birú의 이름에서 유래되었다 한다. 1522년 스페인이 이곳을 비루(Birú), 페루(Perú)라 불렀다. 1529년 지명은 법적 지위를 얻었다.

페루 국기는 1824년 채택했고, 1950년 수정됐다. 두 개의 빨간색 바깥 띠와 한 개의 흰색 가운데 띠가 있는 수직 트라이 밴드다. 빨간색은 전투를 위해 흘린 피를, 흰색은 순결과 평화를 상징한다.그림 1

페루의 공식 언어는 1993년에 스페인어로 정했다. 공용어는 1974년부터 케추아(Quechua)어를, 1980년부터 아이마라(Aymara)어를 사용하기로 했다. 스페인어는 83%, 케추아어는 13%, 아이마라어는 2%가 사용한다. 인종 구성은 2017년 기준으로 토착민 26%, 토착민과 백인 혼혈 메스티조 60%, 백인 6%, 흑인 4%다. 나머지는 중국인, 일본인, 중동인, 한국인 등이다.

페루의 지형과 기후는 안데스 산맥에 의해 3등분된다. 서부 해안지대는 훔볼트 한류의 영향으로 건조하다. 나스카에서는 모래 사막이 발견된다. 리

그림 2 **페루 나스카 라인의 거인과 거미 디자인**

마 도시가 발달했다. 중부 산악지대는 해발고도 5,000m 이상의 높은 산과 넓은 고원이 펼쳐진다. 아열대 고원 기후다. 안데스 산맥 봉우리에 빙하가 있다. 넓은 평야, 적절한 기후, 빙하에서 흘러나온 물이 있어 잉카 문명이 가능했다. 쿠스코가 발달했다. 동부 저지대는 국토 면적의 60%를 점유한다. 아마존강의 상류 지역이다. 열대우림 기후다. 강수량 2,000mm 이상의 비가 온다.

나스카에 나스카 라인 지상화(地上畵)가 그려졌다. 나스카(Nazca) 라인은 리마에서 남쪽으로 400km 떨어진 고원에서 제작된 지리적 디자인이다. BC 400년에서 500년 사이에 제작됐다. 고원이 고립되어 있고, 건조하며, 바람이 없는 기후이기 때문에 보존되어 있다. 벌새, 거미, 물고기, 콘도르, 고래,

왜가리, 원숭이 등 70개가 넘는 동물 무양과 인간, 꽃, 나무가 디자인되어 있다. 종교적 동기에서 제작되었다는 해석이 있다. 움푹 패인 곳이나, 바닥을 얕게 파서 그 곳에 황갈색 심토를 넣었다. 대부분의 선은 연속된 직선이다. 동물과 식물에는 곡선도 있다. 각 그림의 면적은 450㎢다. 선의 깊이는 10-15cm다. 나스카 라인은 소형 경비행기를 타고 500m 상공에서 보면 잘 보인다. 1994년 유네스코 세계문화유산으로 등재됐다.그림 2

1438년에 케추아 족의 잉카 제국이 건국됐다. 잉카의 영역은 남아메리카 페루, 콜롬비아, 칠레, 아르헨티나의 일부 지역까지 이르렀다. 관개와 계단 농법을 이용한 농업이 이뤄졌다. 잉카 제국은 1572년 멸망했다.

1532년 스페인 출신 Pizarro(피사로)가 잉카 제국에 들어왔다. 1570년대 포토시에서 은광이 발굴됐다. 엔코미엔다(Encomienda) 제도로 원주민이 노동에 동원됐다. 페루에서 생산된 은괴는 에스파냐로 건너갔다. 페루는 1821년 스페인으로부터 독립을 선언했다. 1879년 국제사회로부터 승인받았다. 페루는 1879-1883년의 태평양 전쟁에서 칠레에 패해 국토의 일부를 잃었다. 그 후 여러 정치 과정을 거쳐 오늘에 이르렀다.

페루는 개발도상국이다. 2010년 기준으로 페루 GDP는 서비스업 53%, 제조업 22.3%, 채굴 산업 15%, 세금 9.7%다. 페루 경제에서 광업은 중요하다. 구리, 금, 은, 몰리브덴, 아연 등 비철금속 매장량이 풍부하다. 2022년 1인당 GDP는 7,005달러다. 문학 노벨상 수상자가 1명 있다.

로마 가톨릭은 법으로 정한 공식 종교다. 대부분의 도시와 마을에 교회, 대성당, 수호 성인이 있다. 2017년 기준으로 가톨릭 76%, 개신교 14.1%, 기타 기독교 4.4%, 무종교 5.1%로 조사됐다. 기독교도가 94.5%다.

페루의 문화 행사에서 인티 라이미 축제와 칸델라리아 성모 축제는 성대하다. 「인티 라이미 축제」는 태양신 인티(Inti)에게 경의를 표하는 잉카의 종교 축제다. 빛의 시간이 짧아지는 동지와 길어지는 다음 날을 축하하는 행사다. 푸노(Puno)에서 열리는 「칸델라리아 성모 축제」는 2월에 열린다. 16기부터 시작됐다. 가톨릭과 안데스 문화가 어우러진 종교 문화 축제다. 2014년 유네스코 무형문화유산에 등재됐다.

02 수도 리마

리마에는 2,672.3㎢ 면적에 2020년 기준으로 9,751,717명이 거주한다. 리마 대도시권 인구는 10,882,757명이다. 리마는 페루의 수도다.

Lima는 원주민 이름인 Limaq에서 유래되었다고 추정한다. 시내에 흐르는 리마크 강과 관련이 있다는 설명도 있다.

1535년 스페인은 리마크 강 근처에 「부왕의 도시」라는 이름으로 도시를 세웠다. 해안과의 근접성, 방어, 비옥한 땅, 기후 등을 고려했다. 1551년 산 마르코스 대학이 설립됐다. 1687년과 1746년 지진이 발생했다. 1821년 스페인으로부터 독립하며 리마는 페루의 수도가 되었다. 1840년대에서 1860년대 사이 바닷새 배설물로 된 구아노(Guano) 비료 수출로 경제가 호전됐다. 1940

그림 3 **페루의 마요르 데 리마 광장**

년 지진이 일어났다. 제2차 세계 대전 이후 리마로 인구가 크게 유입됐다.

1988-1991년 기간에 리마의 중앙지구가 유네스코 세계문화유산에 등재됐다. 중앙 지구는 구시가지다. 중앙지구에는 마요르 데 리마 광장, 산토 도밍고 교회, 메르세드 교회, 토레태그레 궁전 등이 있다.

마요르 데 리마 광장은 리마의 핵심이다. 리마의 역사 지구다. 광장 주변에 리마 메트로폴리탄 대성당, 정부 궁전, 리마 대주교 궁전, 시립 궁전 등이 있다. 1523년 광장 계획을 시작해, 1535년 장소를 지정했다. 광장 남쪽은 교회로, 서쪽은 시의회 부지로 정했다. 1578년 광장 중앙에 분수대를 놓았다. 광장은 시장, 투우장, 교수대 형장으로 사용됐다. 1573년 종교 재판이 거행됐다. 1821년 광장에서 페루의 독립이 선언됐다.그림 3

리마 메트로폴리탄 대성당은 로마 가톨릭 성당이다. 1602-1797년 사이에 지어졌다. 잉카 신전과 잉카 쿠스코 왕자의 궁전 터에 세웠다. 정면은 르네상스 스타일이다. 탑은 신고전주의 양식이다. 내부는 후기 고딕, 르네상스, 바로크, 플라테레스크 스타일이다. 천장은 별이 빛나는 하늘을 재현해 둥글다. 지진 발생에 대비해 건축했다.그림 4

대통령 관저는 1535년 세웠다. 1542년 총독 거주지로 사용된 이후 대통령 관저가 되었다. 1921년 화재로 훼손됐으나 1938년까지 복구했다. 1821년부터 군 부대가 주둔하면서 근위대 교대식과

그림 4 **페루의 리마 메트로폴리탄 대성당**

공식 업무를 수행한다. 궁전 내부의
골든 홀은 1920년대에 지은 리셉션
홀이다. 장관 취임 선서, 대사들이 신
임장을 제출하는 곳이다. 프랑스 베
르사유 궁전 거울의 방을 모델로 프
랑스인이 건축했다. 벽에는 키가 큰
거울이 있다. 금박 건축 구조물이 새
겨 있다. 청동과 크리스탈 샹들리에
가 천장에 매달려 있다.그림 5

리마에서 페루 산업 생산 대부분이
이뤄진다. 리마의 산 이시드로 지구
는 1931년 조성됐다. 11.1㎢ 면적에
2017년 기준으로 60,735명이 거주한
다. 21개의 은행 본부와 50개의 대리
점이 있는 페루의 금융 중심지다. 대
사관, 영사관, 교회, 회당, 종교 사원,
기념비가 있다.

그림 5 **페루 리마의 정부 궁전과 골든 홀**

그림 6 페루의 잉카 도시 쿠스코와 공항 상징탑

03 잉카 도시 쿠스코

쿠스코에는 385.1㎢ 면적에 2017년 기준으로 428,450명이 거주한다. 쿠스코는 해발 고도 3,399m에 세웠다. 북서쪽으로 80km 지점에 마추픽추가 있다. 아코마야강과 쿠시차카강이 흐른다. 쿠스코는 산으로 둘러싸였다. 쿠스코 공항에는 안데스 페루의 큰새 콘도르(Condor)를 표현하는 상징탑이 있다. 쿠스코 공항은 1964년에 개항했다. 2016년에 3,209,153명의 승객이 이용했다. 쿠스코는 1983년 유네스코 세계문화유산에 등재됐다. 1993년 페루의 역사 수도로 지정했다.그림 6

Cuzco 지명은 케추아어 Qosqo에서 유래했다. '세상의 배꼽(navel of world)', '우주의 중심'이라는 뜻으로 해설한다. 스페인어는 Cusco다.

쿠스코는 아열대 고지대 기후다. 건조하고 온화하다. 두 계절이 나타난다. 겨울은 5월에서 9월 사이다. 일조량이 풍부하고 밤에 얼기도 한다. 추운 7월의 기온은 9.7℃다. 여름은 10월부터 4월까지다. 따뜻하고 강우량이 풍부하다. 더운 11월의 기온은 13.3℃다.

쿠스코에는 900년부터 킬케인이 살았다. 1100년경 킬케 시대 때 삭사이와만 요새가 세워졌다. 이런 연유로 쿠스코는 1100년에 설립됐다고 설명한다. 쿠스코 왕국이 1197년까지 존속했다. 1197–1438년 기간에 잉카 제국이, 1438–1813년 사이에 스페인 왕국이 관리했다. 1813-1821년은 페루 보호령이었다. 1821년 이후 페루가 관할한다.

그림 7 페루 쿠스코의 삭사이와만 요새

삭사이와만 요새는 성벽 복합단지다. 고도 3,701m에 세웠다. 쿠스코에서 북쪽으로 2km 떨어진 외곽에 있다. 2008년 요새에서 고대 사원, 도로, 수도 시설이 발굴됐다. 요새는 군사 종교 기능을 가졌다. 촘촘하고 정교하게 축성했다. 15세기에 잉카는 20,000명을 동원해 요새 복합단지를 확장했다.그림 7

코리칸차는 잉카 제국 태양의 신 인티(Inti)에게 헌정된 사원이다. 벽은 금판으로 덮여 있었고 안뜰은 황금 조각상이 가득했다. 스페인은 사원을 해체했다. 1650년 지진으로 파괴된 수도원, 교회, 거주지를 짓기 위해서다. 사원의 석조물은

그림 8 페루 쿠스코 태양의 사원 코리칸차의 내부 재현

그림 9 **페루 쿠스코의 아르마스 광장**

산토 도밍고 수녀원 재건에 사용됐다. 사원의 금은 스페인으로 보내졌다. 코리칸차의 벽은 산토도밍고 교회 아래에 남아 있다.그림 8

　아르마스(Armas) 광장은 쿠스코의 중심이다. 이곳에 사피와 툴루마요 두 개의 개울과 늪이 있었다. 잉카는 흙과 모래로 늪을 덮고 말렸다. 궁전을 지으면서 잉카의 종교 행정 중심지가 되었다. 동지와 새해 사이에 열리는 잉카 축제 인티 라이미가 열렸다. 박람회를 개최하고 잉카 군대 승리를 축하했다. 1500년대에 들어온 스페인은 잉카 궁전 위에 총독의 저택, 대성당, 사원, 예배당을 지었다. 광장의 두 개 교회에서는 예배를 본다. 광장에서 기독교 축제, 잉카의 민속 행사, 페스티벌, 퍼레이드, 각종 집회가 열린다. 아르마스 광장은 1972년 페루의 역사적 기념물로 지정됐다. 1983년 유네스코 세계문화유산에 등재됐다.그림 9

그림 10 **페루 쿠스코의 쿠스코 대성당과 예수회 교회**

　　쿠스코 대성당은 1654년에 완성했다. 면적이 3,920㎡다. 쿠스코 중앙 광장에 잉카 비라코차 궁전이 있었다. 1538년 스페인은 궁전을 헐고 「이글레시아 델 트리운포 성당」을 지었다. '승리의 교회'라는 뜻이다. 대성당은 본당과 보조 예배당이 있었다. 현재의 교회는 대성당의 보조 예배당이다. 건축 자재는 인근의 석재를 활용했다. 붉은 화강암 블록은 삭사이와만 요새 석재를 재사용했다. 파사드는 르네상스 양식이다. 지붕은 늑골이 있는 둥근 천장이고, 고딕 양식이다. 1928년 가톨릭 교회 대성전으로 인정받았다. 예수회 교회의 명칭은 「이글레시아 데 라 콤파냐 데 헤수스」다. 잉카 궁전 터에 지었고, 스페인 바로크 양식이다. 1576년에 짓기 시작했으나 1650년 지진으로 훼손되었다. 1673년 재건했다. 파사드는 분홍색 현무암과 안산암으로 만들었다. 본당과 측면 예배당이 있다. 바로크 양식이다.그림 10

광장 주변에는 레스토랑, 보석 가게, 여행사, 여행자 상품점 등이 있다. 주거와 상업지역이 산 위로 확장되어 있다. 광장 주변의 산 블라스 거리에는 장인, 작업장, 공예품 상점이 있다. 하툰 루미유크 거리에는 여러 각도로 제단한 돌이 있다. 쿠스코의 도로는 좁다. 소형차가 이용된다.그림 11

그림 11 **페루 쿠스코의 상업 지역, 주거 지역, 도로**

그림 12 페루의 마추픽추와 우루밤바강

04 잉카 요새 마추픽추

마추픽추는 잉카 요새다. 쿠스코에서 북서쪽으로 80km 떨어져 있다. 해발고도 2,430m의 코르디예라 산맥 정상에 세웠다. 우루밤바(Urubamba)강이 산맥 아래로 흘러 가면서 협곡을 만든다. 「잉카의 잃어버린 도시」라 불렸다. 마추픽추는 1450년 세웠다가 1572년 버려졌다. 방사성 탄소 연대 측정으로는 1420-1530년 기간에 점유되었을 것으로 추정했다. 1911년 미국 탐험가 빙엄(Bingham)이 발굴해 세상에 알렸다. 1981년 마추픽추와 주변 325.92㎢가 역사 보존 영역이 되어 개발이 제한됐다. 1983년 유네스코 세계문화유산으로 등재됐다.그림 12

마추픽추에 가는 길은 두 가지다. 하나는 쿠스코에서 아구아스 칼리엔테스까지는 기차로, 나머지는 버스로 가는 방법이다. 다른 하나는 마추픽추 산기슭에 고대 잉카인들이 다니던 길로 걸어가는 방법이다. 기차길 옆에는 방문객을 상대로 토산 기념품을 판매한다.

케추아어로 machu는 '오래된'을, pikchu는 '피라미드, 원뿔'을 뜻한다. 이런 연유로 마추픽추는 '오래된 봉우리'로 해석한다.

그림 13 **페루 마추픽추의 도시 구조와 주거지**

　　마추픽추는 자연석을 활용해 만든 석조 건축물 도시다. 산바람을 통풍에 활용해 생활 편익을 도모했다. 200개 이상의 건물이 중앙 광장을 중심으로 주변 테라스에 세워져 있다. 건물은 대부분 길고 좁다. 마추픽추는 도시와 농지로 나뉘어 있다. 도시는 위쪽과 아래쪽으로 구성되어 있다. 위쪽은 신전과 사원이 있다. 신전 지역에는 탑이 세워져 도시와 계곡을 내려다 볼 수 있다. 위쪽에는 상류층이 살았다. 아래쪽은 거주지다. 거주지에는 식량 저장 창고, 석조 가옥들이 늘어서 있다.그림 13

마추픽추의 여름은 덥고, 겨울에는 춥다. 비는 10월에서 3월 사이에 주로 온다. 통치자가 마추픽추에 있는 동안 750명의 왕실 지원 인력이 일했다고 한다. 이들은 페루의 여러 지역에서 왔다. 고산 지대에서 살려면 물은 필수다. 잉카인은 산 정상부터 아래까지 물이 고이지 않고 흘러 내려가는 수로를 만들었다. 비가 많이 와도 한 곳에 모이지 않고 흐르게 했다. 수로는 도시 곳곳에 물을 공급했다. 지금도 수로에는 물이 흐른다. 도시의 돌 계단은 고산 지역을 오르내리는 통로로 활용됐다.그림 14

그림 14 **페루 마추픽추의 수로와 계단 통로**

그림 15 **페루 마추픽추의 계단식 농업**

　　농업은 계단식 농경이었다. 계단식 밭은 배수와 토양 비옥도를 높였다. 침식과 토양 유실의 위험성을 줄여 주었다. 연간 1,800mm의 비가 내렸다. 감자와 옥수수 밭작물 재배에는 무난한 강수량이었다. 많은 비로 물이 넘칠 경우를 대비해 여러 층을 구축했다. 맨 아래부터 기반암 층, 모래와 자갈 층, 토양 층을 쌓았다. 계단의 경사도가 상당히 높다. 알파카와 라마 가축을 키웠다. 계단식 밭 옆에 오두막집(Guardhouse)이 있다. 지붕이 높고 한쪽 벽이 계단 쪽으로 트여있다. 안전과 방어를 위한 관리인의 오두막이다.그림 15

태양의 사원은 태양에게 경의를 표하고 제물을 바치는 신전이다. 사제가 출입했다. 자연 동굴 위에 원형의 울타리 모양으로 지었다. 창문, 틈새, 출입문이 있다. 건축 자재는 화강암 블록이다. 사원 내부에는 1.2m×2.7m 크기의 바위 플랫폼이 있다. 직선 벽과 두 개의 창이 있는 반원형 벽이 있다. 두 개의 벽은 북쪽과 동쪽을 향한다. 인티와타나(Intiwatana)는 하늘을 관찰하기 위한 해시계다. 산 정상의 기반암에 조각되어 있다. 위쪽에 경사진 평면이 있는 직립 돌기둥은 북쪽으로 13도 기울어져 있다. 11월 중순경과 1월 말일경 정오에 태양이 기둥 바로 위에 서 있어 그림자가 없다. 6월 21일에는 돌의 남쪽에 가장 긴 그림자가 나타난다. 12월 21일에는 북쪽에 짧은 그림자가 드리운다.그림 16

그림 16 **페루 마추픽추 태양의 사원과 해시계 인티와티나**

그림 17 페루 마추픽추의 3개의 창문이 있는 방

3개의 창문이 있는 벽은 삼창의 사인이라고도 불린다. 5개의 창이 있었다 한다. 세 개의 창은 지하, 천국, 현재의 세계를 나타낸다. 잉카인의 일상 생활에 영향을 미치는 태양의 상승과 연관지어 설명한다. 정밀하게 만든 돌과 창문이 어우러지는 잉카의 석조 건물이다.그림 17

페루의 공식 언어는 스페인어, 케추아어, 아이마라어다. 페루는 개발도상국이다. 페루 경제에서 광업은 중요하다. 구리, 금, 은, 몰리브덴, 아연 등 비철금속 매장량이 풍부하다. 2022년 1인당 GDP는 7,005달러다. 문학 노벨상 수상자가 1명 있다. 기독교도가 94.5%다. 수도는 리마다. 나스카 라인, 잉카 도시 쿠스코, 잉카 요새 마추픽추가 있다.

아르헨티나 공화국

그림 1 **아르헨티나 공화국 국기**

01 아르헨티나 전개 과정

아르헨티나의 공식 명칭은 아르헨티나 공화국이다. 스페인어로 República Argentina라 한다. 「레푸블리카 아르헨티나」로 읽는다. 과라니어로 Tetã Argentina라 표기한다. 영어로 Argentine Republic으로 표기한다. 줄여서 아르헨티나라 한다. 아르헨티나에는 2,780,400㎢ 면적에 2022년 기준으로 47,327,407명이 거주한다. 수도는 부에노스아이레스다. 연방공화국이다. 23개의 주와 부에노스아이레스 자치시 1개로 구성되어 있다.

Argentina는 라틴어 argentum과 접미사 -īnus를 합친 말에서 유래했다. Argentum은 '은(silver)'이라는 뜻이다. 스페인은 이곳을 Río de la Plata라고 불렀었다. 「리오 데 라 플라타」는 '은의 강'이라는 뜻이다.

아르헨티나 국기는 하늘색, 하얀색, 파란색의 가로 줄무늬 국기다. 하얀색에는 태양 문장이 있다. 태양의 햇살은 32줄기다. 「5월의 태양」이라 불린다. 하늘색 하늘을, 하얀색은 구름을 나타낸다. 1812년에 제정됐다. 태양은 1818년에 추가되었다. 민간기와 상선기는 태양 문장이 없는 기를 사용한다.그림 1

아르헨티나의 공식 언어는 스페인어다. 영어, 이탈리아어, 아랍어, 과라니어, 케추아어도 사용한다. 인종 구성은 2020년 기준으로 유럽과 메스티조 97.2%, 아메리카 원주민 2.4%, 아프리카인 0.4% 등이다.

이탈리아 출신 아메리고 베스푸치가 1502년 이 지역을 답사했다. 1516년 스페인이 라플라타강을 탐험했다. 1536년 해안가에 정착지를 세웠다. 1580년 스페인은 부에노스아이레스에 영구 식민지를 건설했다. 1776년 리오데라플라타 부왕령이 세워졌다. 부에노스아이레스를 수도로 했다. 1808년 나폴레옹 형인 조제프 보나파르트가 호세 1세로 임명됐다. 아르헨티나는 프랑스 출신이 통치하는 스페인을 거부했다. 1810년 5월 혁명을 일으켜 부왕령을 대체하는 자치 정부 리오데라플라타 연합주를 수립했다. 1814년 스페인과 전쟁을 벌여 부왕령을 종식시켰다. 리오데라플라타 연합주의 독립을 선언했다. 독립선언일은 1816년 7월 9일이었다. 1831년 리오데라플라타 연합주는 아르헨티나로 개명됐다. 1853년 연방 헌법이 제정됐다. 아르헨티나 공화국이 성립됐다. 19세기와 20세기 초에 농업과 목축업으로 경제 대국이 되있다. 1929년 대공황으로 경제 성장이 후퇴했다. 중공업과 제조업으로의 산업 전환도 순조롭지 못했다.

아르헨티나는 수출 지향적인 농업과 다양한 산업 기반을 지닌 개발도상국이다. 수출품은 대두와 파생 상품, 옥수수, 밀, 석유 가스, 차량 등이다. 2015년 기준으로 부문별 GDP는 서비스 33.3%, 제조업 17.2%, 상업, 관광 16.9%, 운송, 유틸리티 7.9%, 농림어업 6.0%, 건설 5.6%, 채굴 3.6% 등이다. 2022년 아르헨티나의 1인당 GDP는 13,622달러다. 노벨상 수상자는 5명이 있다.

아르헨티나의 종교는 2019년 기준으로 기독교가 79.6%다. 가톨릭이 62.9%, 개신교가 15.3%, 기타 기독교가 1.4%다.

탱고는 파트너 사교 댄스다. 1880년대 아르헨티나와 우루과이 경계인 리오 데 라 플라타의 항구에서 시작됐다. 반도네온 아코디언에 맞춰 향수, 슬

픔, 인빈을 노래와 춤으로 표현한다. 2009년 유네스코 무형문화유산에 등재됐다. 작가 호르헤 보르헤스, 탱고 가수 카를로스 가르델, 폴클로레 가수 메르세데스 소사는 아르헨티나 문화를 세계에 알렸다. 아르헨티나는 축구 강국이다. 1978년, 1986년, 2022년에 걸쳐 세 차례 월드컵 우승국이 되었다.

02 수도 부에노스아이레스

부에노스아이레스는 아르헨티나 서쪽 해안에 위치한 수도다. 부에노스아이레스에는 203㎢ 면적에 2021년 추정으로 3,003,000명이 거주한다. 부에노스아이레스 대도시권 인구는 15,624,000명이다. 1994년 헌법 개정으로 자치시가 되었다. 여러 민족과 종교 집단이 모인 다문화 도시다. 1978년 FIFA 월드컵 대회를 개최했다. 2001년 FIFA 세계 청소년 선수권 대회, 2018년 G20 정상 회담을 개최했다.

Buenos Aires는 '순한 바람(順風, fair wind, 라틴어 bonus aër)'이란 뜻이다. 이곳에 처음 온 스페인 선원들은 "순한 바람의 성모 마리아 축복으로 도착했다"며 감사했다 한다.

스페인은 1536년 이곳에 「순한 바람의 성모 마리아의 도시」를 건설했다. 오늘날 부에노스아이레스 남쪽의 산텔모 지구다. 1580년 스페인은 영구 정착 식민지를 세웠다. 1776년 리오 데 라 플라타 부왕령의 수도가 됐다. 1821년 부에노스아이레스 대학교가 설립됐다. 1880년대 백인 이민자가 들어왔다. 수출이 활성화됐다. 1911년 지하철이 개통됐다. 1920년대 이후 크게 성장했다. 부에노스아이레스에 사람이 몰리면서 슬럼가 빌라 미세리아가 생겼다.

그림 2 **아르헨티나의 부에노스아이레스 메트로폴리탄 대성당**

부에노스아이레스 메트로폴리탄 대성당은 가톨릭 성당이다. 1580년 이후 여러 차례 증축하여 1791년 완성됐다. 종탑이 없는 19세기 신고전주의 파사드 양식이다. 내부는 네오 르네상스와 네오 바로크 양식의 장식물로 구성되어 있다. 아르헨티나 독립에 헌신한 애국자들의 영묘도 안장되어 있다.그림 2

그림 3 **아르헨티나의 대통령 집무실 카사 로사다**

카사 로사다는 대통령 집무실이다. 1580년에 지었다. 건물 외부는 핑크색이다. 내부는 집무실, 예배당, 기념관, 애국자 홀, 회회관, 명예의 전당 등이 있다. 아르헨티나의 국립 역사 기념물로 지정됐다.그림 3 대통령 공식 관저는 1854년에 지은 퀸타 데 올리보스다. 부에노스아이레스 대도시권에 있다.

「7월 9일 애비뉴」는 부에노스아이레스 도심 거리다. 거리 이름은 1816년 7월 9일 아르헨티나의 독립 기념일을 뜻한다. 도로 폭이 110m다. 1937년에 짓기 시작해 1960년대에 완성했다. 북쪽의 레티로 지구에서 남쪽의 콘스티투시온역까지. 애비뉴는 각 방향으로 7개의 차선이 있다. 코리엔테스와 7월 9일 애비뉴와의 교차로에 공화국 광장이 위치했다. 광장에 부에노스아이레스의 오벨리스크가 서 있다. 1936년 도시 건립 400주년을 기념해서세웠다. 2018년 G20 정상회의 때 조명을 밝혔다.그림 4

그림 4 아르헨티나 부에노스아이레스의 7월 9일 애비뉴와 오벨리스크

「엘 아테네오 그랜드 스플렌디드」는 아름다운 서점으로 평가받았다. 이 건물이 세워진 1919년에는 1,050석 규모의 극장이었다. 천장에 프레스코화가 그려져 있다. 이곳에서 탱고 아티스트들이 공연했다. 이 건물은 2000년 이후 서점으로 개조됐다. 극장 좌석이 철거되고 책과 책장이 들어섰다. 서점은 2,000㎡ 규모의 플래그십 스토어로 바뀌었다. 그러나 극장 때의 천장, 화려한 조각, 진홍색 무대 커튼, 강당 조명 등은 남아 있다.그림 5

그림 5 **부에노스아이레스의 엘 아테네오 그랜드 스플렌디드 서점**

03 이과수 폭포

이과수는 '거대한 물(big water)'이라는 뜻이다. 이과수 폭포는 스페인어로 Cataratas del Iguazú라 표기한다. 브라질 포르투갈어로 Cataratas do Iguaçu(이구아수 폭포)라 표기한다.

이과수강은 브라질 쿠리치바에서 발원해 브라질을 거쳐 아르헨티나에서 폭포로 떨어진다. 샌안토니오강과 합류하는 지점 아래에서 이과수강은 아르헨티나와 브라질의 국경을 형성한다.그림 6

그림 6 **아르헨티나–브라질 국경의 이과수 폭포**

그림 7 **이과수 폭포**

그림 8 **아르헨티나 쪽의 이과수 폭포**

　이과수 폭포는 이과수강의 하류에 위치했다. 폭포의 총거리가 2.7km다. 폭포수는 275개다. 이과수 폭포의 면적 비율은 아르헨티나 미시오네스주가 80%, 브라질 파라나주가 20%다. 반원형 형태다. 폭포의 낙폭은 평균 64m다.그림 7

　1541년 스페인은 이과수 폭포를 기록에 남겼다. 이과수 폭포는 파라과이 영토였다. 파라과이가 삼국동맹전쟁에서 아르헨티나, 브라질, 우루과이 3국 연합군에게 패했다. 파라과이는 이과수 폭포를 잃었다. 1984년에 아르헨티나 이과수 국립공원이, 1986년에 브라질 이구아수 국립공원이 설정됐다. 1984년과 1986년에 각각 유네스코 세계유산에 등재됐다. 아르헨티나

그림 9 **이과수 폭포 악마의 목구멍 폭포의 원경과 근경**

10페소 지폐와 브라질 100,000크루제이로 지폐에 이과수 폭포가 그려져 있다.그림 8

폭포의 계단은 3개의 현무암층으로 이루어진 2단 폭포다. 계단의 높이는 35-40m다. 상류의 두부(頭部) 침식률은 매년 1.4-2.1cm다. 폭포 수는 수위에 따라 150-300개로 달라진다. 강의 흐름의 절반은 「악마의 목구멍(Devil's Throat)」이라는 길고 좁은 틈으로 떨어진다. 악마의 목구멍은 폭이 80-90m, 깊이가 70-80m다. 12개의 폭포가 동시에 떨어져 굉음을 낸다. 폭포 근처에 갔던 배들이 빠른 유속에 끌려 폭포 속으로 떨어졌다 한다. 이 폭포 옆에는 16—200개의 개별 폭포가 형성되어 있다. 홍수 때는 하나로 합쳐진다.그림 9

아르헨티나 쪽 이과수 폭포는 크고 작은 폭포가 다양하게 펼쳐진다. 산책로를 통해 「악마의 목구멍」 폭포에 접근할 수 있다. 브라질 쪽 이과수 폭포는 폭포 전경과 폭포 물줄기의 낙하 현상을 가까이서 볼 수 있다.그림 10

    1516년 스페인이 아르엔티나에 상륙했다. 1580년 부에노스아이레스에 식민지를 세웠다. 1816년 7월 9일 스페인으로부터 독립했다. 공식 언어는 스페인어다. 아르헨티나는 개발도상국이다. 2022년 아르헨티나의 1인당 GDP는 13,622달러다. 노벨상 수상자가 5명 있다. 종교는 기독교도가 79.6%다. 수도는 부에노스아이레스다. 아르헨티나와 브라질 경계에 이과수 폭포가 있다.

그림 10 **브라질 쪽의 이과수 폭포**

그림출처

VII. 아메리카

◑ 위키피디아

그림 1, 그림 2

40. 아메리카 합중국

◑ 위키피디아

그림 1, 그림 2, 그림 3, 그림 4, 그림 5, 그림 6, 그림 7, 그림 8, 그림 9, 그림 10, 그림 11, 그림 12, 그림 13, 그림 14, 그림 15, 그림 16, 그림 17, 그림 18, 그림 19, 그림 20, 그림 21, 그림 22, 그림 23, 그림 24, 그림 25, 그림 26, 그림 27, 그림 28, 그림 29, 그림 30, 그림 31, 그림 32, 그림 33, 그림 34, 그림 35, 그림 37, 그림 38, 그림 39, 그림 40, 그림 41, 그림 42, 그림 43, 그림 44, 그림 45, 그림 47, 그림 48, 그림 49, 그림 50, 그림 51, 그림 52, 그림 53, 그림 54, 그림 55, 그림 56, 그림 57, 그림 58, 그림 59, 그림 60, 그림 61, 그림 62, 그림 63, 그림 64, 그림 65, 그림 66, 그림 67, 그림 68, 그림 69, 그림 70, 그림 71, 그림 72, 그림 73, 그림 74, 그림 75, 그림 76, 그림 77, 그림 78, 그림 79, 그림 80, 그림 81, 그림 82, 그림 83, 그림 84, 그림 85, 그림 86, 그림 87, 그림 88, 그림 89, 그림 90, 그림 91, 그림 92, 그림 93, 그림 94, 그림 95, 그림 96, 그림 97, 그림 98, 그림 99, 그림 100, 그림 101, 그림 102, 그림 103, 그림 104, 그림 105, 그림 106, 그림 107, 그림 108, 그림 109, 그림 111, 그림 112

◑ 저자 권용우

그림 4, 그림 6, 그림 10, 그림 14, 그림 26, 그림 28, 그림 33, 그림 36, 그림 46, 그림 47, 그림 68, 그림 69, 그림 72, 그림 75, 그림 78, 그림 94, 그림 108, 그림 110, 그림 111

41. 캐나다

◑ 위키피디아

그림 1, 그림 2, 그림 3, 그림 4, 그림 5, 그림 6, 그림 7, 그림 8, 그림 9, 그림 10, 그림 11, 그림 12, 그림 14, 그림 15, 그림 16, 그림 17, 그림 18, 그림 19, 그림 20, 그림 21, 그림 22, 그림 23, 그림 24

◗ 저자 권용우

그림 3, 그림 12, 그림 13

42. 브라질 연방 공화국

◗ 위키피디아

그림 1, 그림 2, 그림 3, 그림 4, 그림 5, 그림 7, 그림 8, 그림 9, 그림 10, 그림 11, 그림 12, 그림 13, 그림 14, 그림 15, 그림 16, 그림 17, 그림 18, 그림 19, 그림 20, 그림 21, 그림 22, 그림 23, 그림 24, 그림 25, 그림 26, 그림 27, 그림 28, 그림 29, 그림 30

◗ 저자 권용우

그림 2, 그림 4, 그림 6, 그림 7, 그림 8, 그림 12, 그림 16, 그림 17, 그림 25, 그림 26, 그림 28, 그림 29, 그림 30

43. 멕시코 합중국

◗ 위키피디아

그림 1, 그림 2, 그림 3, 그림 4, 그림 5, 그림 6, 그림 7, 그림 8, 그림 9, 그림 10, 그림 11, 그림 12, 그림 13, 그림 14, 그림 15, 그림 16, 그림 17, 그림 18

◗ 저자 권용우

그림 2, 그림 7, 그림 13, 그림 14, 그림 15, 그림 17

44. 페루 공화국

◗ 위키피디아

그림 1, 그림 2, 그림 3, 그림 4, 그림 5, 그림 6, 그림 8, 그림 9, 그림 12, 그림 15, 그림 16, 그림 17

◗ 저자 권용우

그림 5, 그림 6, 그림 7, 그림 10, 그림 11, 그림 12, 그림 13, 그림 14, 그림 15, 그림 16

45. 아르헨티나 공화국

◗ 위키피디아

그림 1, 그림 2, 그림 3, 그림 4, 그림 5, 그림 6, 그림 7, 그림 8, 그림 9

◗ 저자 권용우

그림 6, 그림 9, 그림 10

색인

저자 소개

권용우

서울 중·고등학교

서울대학교 문리대 지리학과 동 대학원(박사, 도시지리학)

미국 Minnesota대학교 / Wisconsin대학교 객원교수

성신여자대학교 사회대 지리학과 교수 / 명예교수(현재)

성신여자대학교 총장권한대행 / 대학평의원회 의장

대한지리학회 / 국토지리학회 / 한국도시지리학회 회장

국토해양부·환경부 국토환경관리정책조정위원장

국토교통부 중앙도시계획위원회 위원 / 부위원장

국토교통부 갈등관리심의위원회 위원장

신행정수도 후보지 평가위원회 위원장

경제정의실천시민연합 도시개혁센터 대표 / 고문

「세계도시 바로 알기」YouTube 강의교수(현재)

『교외지역』(2001), 『수도권공간연구』(2002), 『그린벨트』(2013)

『도시의 이해』(2016), 『세계도시 바로 알기 1, 2, 3, 4, 5, 6』(2021, 2022, 2023) 등

저서(공저 포함) 78권 / 학술논문 152편 / 연구보고서 55권 / 기고문 800여 편

세계도시 바로 알기 6 -아메리카-

초판발행	2023년 1월 30일
지은이	권용우
펴낸이	안종만·안상준
편 집	배근하
기획/마케팅	김한유
표지디자인	BEN STORY
제 작	고철민·조영환
펴낸곳	(주) **박영사**
	서울특별시 금천구 가산디지털2로 53, 210호(가산동, 한라시그마밸리)
	등록 1959. 3. 11. 제300-1959-1호(倫)
전 화	02)733-6771
f a x	02)736-4818
e-mail	pys@pybook.co.kr
homepage	www.pybook.co.kr
ISBN	979-11-303-1667-3 93980

* 파본은 구입하신 곳에서 교환해 드립니다. 본서의 무단복제행위를 금합니다.
* 저자와 협의하여 인지첩부를 생략합니다.

정 가   16,000원